KB154789

오리엔탈리즘의

새로운 신화들

고즈윈은 좋은책을 읽는 독자를 섬깁니다.
당신을 닮은 좋은책—고즈윈

오리엔탈리즘의 새로운 신화들

성일권 지음

1판 1쇄 발행 | 2006. 6. 5.

발행처 | 고즈윈
발행인 | 고세규
신고번호 | 제313-2004-00095호
신고일자 | 2004. 4. 21.
(121-819) 서울특별시 마포구 동교동 200-19번지 오비브하우스 501호
전화 02)325-5676 팩시밀리 02)333-5980

값은 표지에 있습니다.
ISBN 89-91319-65-3

고즈윈은 항상 책을 읽는 독자의 기쁨을 생각합니다.
고즈윈은 좋은책이 독자에게 행복을 전한다고 믿습니다.

미디어에 비친 지식인의 일그러진 초상

성일권 지음

고즈윈
God'sWin

"이 책을 쓰는 이유? 물론 누구도 그 이유를 묻지 않았다. 내가 이 책에서 다루고 있는 사람들조차도 말이다. 글쎄? 이유를 굳이 대라면 이 세상에 너무 많은 아둔한 자들 때문이라고나 할까? 내친 김에 그 증거를 대겠다.

새로운 휴머니즘을 위하여,

인간과 인간 간의 보다 나은 이해를 위하여,

나의 동포인 유색인종을 위하여,

내가 믿는 인류를 위하여,

인종편견 때문에,

사랑과 이해를 위하여…,"

– 프란츠 파농, 『검은 피부, 하얀 가면』 서문에서

책머리에

이성이라는 이름의 광기

과거 우리 국민들의 인권 침해 상황에 대해서는 침묵으로 일관했던 미국의 강경 보수파와 한국의 보수세력들이 최근 들어 북한의 인권문제를 점화시키고 있다. 특히 미국의 극우세력이 인권을 내세워 이라크 전쟁을 개시한 데 이어 북한을 '악의 축' 으로 규정짓고 맹렬한 공세를 펼침에 따라 한국과 일본의 보수세력도 덩달아 인권 지킴이가 되었다.

'악의 레짐' 과 '선의 레짐' 이라는 조지 W. 부시의 수사는 '문명과 야만' 이라는 오리엔탈리즘의 전형적 도식을 재현한다. 문명과 야만은 선과 악으로 쉽게 등치되고, 미국의 이라크 공격과 북한 흔들기는 바로 이들 국민들을 '야만' 으로부터 해방시키기 위해서라는 명분으로 정당화된다. 미국은 그 여세를 몰아 북한인권법 제정(2004), 북한인권대회 개최(서울, 2005) 등 대북한 공세의 고삐를 한껏 당기고 있다.

영국의 사학자 에릭 홉스봄(Eric Hobsbawm)이 경고한 '인권 제국주의'가 기승을 부리고 있는 것이다. '역사의 아버지'라고 불리는 그리스의 역사가 헤로도토스(Herodotos, BC 484?~BC 425?)는 보편적 윤리에 회의를 갖고, 인류가 전쟁에 광분한 이유로 문화적 우월성에 대한 맹신을 꼽았다. 실제 나치즘과 파시즘을 포함한 서구 제국주의와 동아시아를 유린한 일본의 제국주의는 '열등한' 인종과 문화를 절멸시키려 했다.

2차 세계대전이 끝난 뒤 유엔 인권위원회의 르네 카생(René Samuel Cassin, 1887~1976) 총재는 중국의 장펑춘, 레바논 철학자이자 아랍연맹의 대변인이었던 말리크 등과 함께 문화적 상대성, 민족적 연대의 가치를 포괄하는 공동의 윤리적 준거를 담은 '세계인권선언'의 기초작업에 나섰다. 당시 프랑스 철학자인 자크 마리탱(Jacques Maritain, 1882~1973)은 "문화와 문명이 다르고 상반된 가치관과 사상을 가진 사람들이 어떻게 정신적 합의에 이를 수 있을까"라고 반문했다. 그럼에도 인권위는 인류가 발전시켜 온 인권개념의 공약수를 추려 '세계인권선언'을 도출했고, 유엔은 1948년 12월 10일 '세계인권선언'을 채택했다. 하지만 미국은 생존권과 사회권을 규정하는 인권선언의 A규약에 대해 특별한 계층에 속하는 권리로 보편성이 없다면서 배제한 반면, 개인의 자유권과 시민권을 핵심으로 삼는 B규약만 인준했다. 이는 미국식 인권이 얼마나 정치적인지를 단적으로 보여준다. 이처럼 미국이 아예 생명권과 생존권을 인권에서 배제시킨 까닭에 '체제전환(regime change)'을 목적으로 한 북한인권법 제정과 같은 제국주의적 발상이 가능하게 된 것이다.

미국의 인권 제국주의가 유엔의 '세계인권선언'에서 흔히 무시하는 부분이 집단적 연대의 가치다. 그 대신 그들은 개인적 자유권을 바탕으로 한 인권의 보편성을 막무가내로 앞세워, 문화적 상대성을 무시하고 다른 공동체에 대한 해체와 길들이기를 시도하고 있다. 이제 인권이 제국주의자의 무기로 활용되는 현실이다. 더욱이 인권 제국주의의 논리는 문명의 담론으로 포장된 채 군사독재와 냉전과 분단을 경험한 우리의 내면에도 그대로 투영된다. 불과 얼마 전까지만 해도 인권탄압에 앞장선 세력들이 어느새 '문명인'이 되어 미국보다도 더 강하고 힘찬 목소리로 북한에게 인권이냐 '체제전환'이냐의 선택을 강요하고 있다.

그들이 말하는 체제전환은 단순한 사회시스템의 개혁이 아니라 정권의 붕괴를 의미한다. 그들은 남측의 지원과 남북간 경제협력이 김정일 정권의 수명을 연장해 북한 주민들의 인권을 외려 악화시킬 뿐이라고 주장한다. 국내 유수 언론사의 한 논객은 탈북자의 '절박한' 호소를 옮긴다면서 "차라리 오늘의 북한 주민이 죽어 내일의 북한과 다음 세대에 인간다운 삶이 찾아올 수 있다면 지금 이 원조를 끊는 것이 더 현명한 일인지도 모른다"[1]고 말하고 있다. 그뿐이 아니다. 그들은 지금의 정권이 자신과 미국과 일본의 뜻대로 움직여 주지 않는다고 좌파정권으로 매도하고, 미국의 네오콘 극우세력에게 북한을 공격하라고 부추기며, 독도를 탐하는 일본 극우들의 지원을 받으면서 일본을 배우자고 말한다.

이 책을 쓰게 된 이유는 단순하다. 한국 사회에서 담론의 헤게모니를 휘두르는 지식인들이 왜 그토록 인권과 색깔론을 자주 제기하는지 이유를 밝히고자 하는 것이다. 지적 한계에도 불구하고 필자가 감히 이 책을 쓰게 된 또 다른 동기는, 서구 제국주의의 허구적 지배논리를 비판한 역작 『오리엔탈리즘』의 저자인 에드워드 사이드(Edward Said)와의 작은 인연과 무관치 않다. 지금은 고인이 된 사이드는 2001년 9 · 11사건을 전후해 이집트 카이로의 〈알-아흐람(Al-Ahram)〉지와 미국의 〈Z매거진(Zmagazine)〉에 미국의 이슬람 마녀사냥을 비판한 글을 기고하고 있었다. 인터넷을 통해 그의 글을 접한 필자는 그때까지 읽은 '헌팅턴류' 지식인들과는 확연히 다른 그의 시각에 충격을 받았다. 몇 차례 그와 서한을 주고받은 끝에, 같은 해 11월 『도전받는 오리엔탈리즘』이라는 책을 편역하여 출간했다. 팔레스타인 출신의 지식인으로서 미국 지식인 사회의 허구를 난도질한 그의 글들을 접한 필자는 지적 충격과 함께 우리 사회가 안고

1 김대중, 〈조선일보〉, 2005. 11. 20.

있는 아련한 동병상련에 가슴이 저렸다.

사이드의 오리엔탈리즘은 이성과 광기의 이분법을 통해서 서구 근대사회를 규율과 이성이 지배하는 사회로 분석한 미셸 푸코(M. Foucault)의 철학적 사고에 의존한다. 푸코에 의하면 서구 근대사회와 더불어 힘을 발휘하기 시작한 이성에 대한 절대적인 신뢰는 인간 정신의 또 다른 모습이기도 한 비이성적이고 감성적인 것들을 이성의 경계 밖으로 몰아내 이성 자신과 전혀 다른 것으로 타자화(otherization)하고 새로운 광기의 영역을 만들어낸다. 푸코는 이런 이성과 광기의 분리와 차별로 인한 광기의 타자성을 통해 광기에 대한 이성의 지배가 확립되었음을 지적한다. 이로 인해 광기의 대상은 언제나 이성에 의해서 통제되고 감금되어야 하는 보호의 대상이자 교정의 대상으로, 항상 광인, 부랑아, 이방인, 범죄자 등의 이미지와 결부되었다. 여기에서 사이드는 서구 근대사회의 이성이 제국주의의 지배 이데올로기인 오리엔탈리즘으로 변질됨으로써 오로지 서구 세력만이 이성적이며 합리적인 문명인인 양 행세하고 있다고 지적한다.

서구 제국주의의 지배 이데올로기인 '오리엔탈리즘'은 유럽을 지나 미국과 일본을 거쳐서 우리 사회 깊숙이 스며들고 있다. 오리엔탈리즘적 욕망에 사로잡힌 미국이 자신만이 악의 제국들을 무너뜨릴 절대 선이라고 주장하는 것처럼, 우리 사회의 오리엔탈리스트들도 자신들만이 친북 · 좌파 · 반미라는 악의 세력으로부터 한국 사회를 구해낼 수 있다고 말한다. 미국과 한국의 오리엔탈리스트들은 자신들만이 '인권'과 '자유'를 말할 자격이 있는 '이성'의 소유자들이며, 만약 자신과 다른 목소리를 내는 자들이 있다면 그들은 영원히 배제해야 할 광인이며 이단이라 주장한다. 미국의 오리엔탈리즘을 복제한 '우리 안의 오리엔탈리즘'은 마치 자기 증식된 기형 바이러스처럼 모질고 독하다. 절대이성의 소유자임을 자처하는 우리 사회의 미디어 지식인들이야말로 광기에 사로잡혀 있는 것은 아닐까?

2006년 5월

성일권

차례

3부 한반도에 드리운 오리엔탈리즘의 그늘

4부 우리 안의 오리엔탈리즘

오리엔탈리즘, 신화의 재생산

"이제 적화는 됐고, 통일만 남았나?" 이런 도발적인 제목의 칼럼이 고급신문을 지향하는 한 일간지에 실렸다.[2] 이 칼럼은 한때 대학교수를 지냈고, 지금은 유력 언론의 핵심 논객으로 활동하는 지식인의 글이어서 파급이 적지 않았다.

그는 이 글에서 "좌파 집권세력의 대북 동화정책으로 인해 우리 사회가 이미 좌파의 소굴로 바뀌었고, 급기야 좌파 집권당이 조선노동당과 당대당(黨對黨) 교류를 제안해 북의 고도화된 통일전선전술에 부응하고 있다"고 폭로한다. 남북교역 확대, 시민단체들의 아리랑 축제 대거 참가, 그리고 한 참가자의 평양 출산 등 그저 우연이라고 하기엔 석연치 않은 부분들이 적지 않다는 주장이다. 물론, 그의 글들이 항상 독자들에게 냉전과 남북대결을 강요해 온 터이기에 대수롭지 않게 지나칠 수도 있다.

---

2 정진홍, 〈중앙일보〉, 2005. 10. 24.

그런데 문제는 그의 주장이 미국 네오콘들의 평소 논리와 흡사하다는 사실이다. 같은 시기 조지 W. 부시의 네오콘 싱크탱크인 미국기업연구소(AEI)의 수석연구위원 니콜라스 에버슈타트는 "좌파성향의 집권 탈레반 세력이 친북정책을 고수하면서 미국의 대북전략에 차질을 주고 있다"며 "미국은 궁극적으로 일탈한 맹방을 다시 제자리로 데려올 연대들을 구축 내지 육성해야 한다"고 주장하였다.[3] 결론적으로 말해 노무현 정권이 좌파적이어서 마음에 들지 않으니 2007년에는 친미정권을 지원해야 한다는 얘기다.

이처럼 네오콘 강경파들이 외교적 결례까지 불사하면서 상식 이하의 발언을 쏟아낼 수 있는 것은 그들이 지금까지 한국의 지배세력은 물론 한국의 정통성 없는 정권들로부터 존경을 받아 왔기 때문이다. 한국의 역대 정권들은 태평양 너머에서 기침소리만 들려도 화들짝 놀라서 미국산 무기를 구입했고, 국제사회에서 외면 받고 있는 미국의 충실한 혈맹이 되어 미국의 입장을 옹호해 주었으며, 때로는 미국이 입안한 프로그램에 따라 북한을 윽박질러 한반도 긴장을 고조시키기도 했다. 물론 미국은 박정희의 5·16 쿠데타, 전두환의 5·18 광주학살, 민주인사 암살 및 탄압 등에서처럼, 한국의 집권세력들이 자행한 온갖 만행을 감싸주는 등 든든한 후원자 역할을 해주었다.

한국과 미국의 동료들은 한국의 옛 독재정권들과 함께 누린 달콤한 과거를 잊을 수가 없다. 그래서 그들은 자신들의 지지가 아니라

3 니콜라스 에버슈타트, *Weekly Standard*, 2005. 11. 9.

한국민들의 지지를 받아 탄생한 이른바 지금의 정부를 결코 인정하고 싶지 않은 것이다.

그들에게는 아무리 세월이 변해도 빛을 발하는 금과옥조 같은 비장의 카드가 있다. 바로 색깔론이다. 개혁과 변화를 추구하는 진보세력은 친북세력이며, 이는 곧 반미세력이자 매국세력이다. 이와 반대로, 그들 자신들이야말로 대한민국을 지키는 진정한 보수세력으로서 혈맹인 미국과 함께 친북세력을 척결하는 애국세력이다. 사실, 그들의 이 카드는 저 멀리, 이승만 시절 때부터 사용되어 온 고정 레퍼토리다.

조선일보 논설위원을 지낸 류근일은 다음과 같이 신경질적으로 그 레퍼토리를 읊는다.

"(…) 이대로 가다가는 망하지 않는 것이 오히려 이상하다. 386정권이 허구한 날 '깽판'을 공언하며 살생부나 만들고, 야당이 계속 대안권력으로서의 투쟁력과 상품성을 발휘하지 못하고, 패거리 집단들과 고임금 강성노조가 계속 턱도 없는 억지로 세상을 뒤흔들고, 기업인과 외국투자가들이 계속 지갑 열 생각을 하지 않고, 게다가 무엇보다 '반미친북'이 계속 대한민국을 일방적으로 발가벗겨 나간다면, 이 나라는 환갑진갑도 못 채운 채 중풍을 맞고 쓰러질 것이다. (…) '민족공조' '반제반미' '가진 자 타도' '평등사회' 등등의 그럴듯한 간판들을 내세워 휩쓸리기 잘하는 풍조, 어리벙벙한 구석, '사촌이 땅 사면 배가 아파지는' 성향을 집단 최면시켜 나라를 '조선노동당 통일전선부' 산하로 격하, 편입시키려는 좌파 통일전선의 입장에서 보면 그래서 지금이야말로 50년 만에 거머쥔 혁명의 호기다."

지식인들의 언어폭력은 어제 오늘의 일이 아니다. 그들은 일제강점기부터 시작해 박정희, 전두환, 노태우 등 군사독재 시대를 거쳐 지금의 민주주의 시대에 이르기까지 진실을 은폐하고, 뒤집고, 비틀고, 타인(他人)의 존재와 가치를 멸시하면서, 언론매체를 '그들만의 공론장'으로 변질시켜 왔다. 독일의 철학자 테오도어 아도르노의 말을 굳이 언급하지 않더라도, 지식인이라면 불의에 저항해야 하고 이해관계에 따라 현실과 타협해서는 안 될 것이다. 우리가 독재 시대에 민주주의를 위해 싸웠던 지식인들을 존경하는 이유는 그들이 그 어떠한 압력이나 회유에도 굴하지 않았기 때문이다.

우여곡절 속에 우리 사회는 민주화를 이룩했다. 독재 시대에 헌법 조문에 잠자고 있던 사상과 양심의 자유, 언론 출판의 자유, 표현의 자유 등 인간의 기본 권리들을 흔들어 깨운 것이 어느덧 10여 년이다. 그러나 현실은 예전 그대로이다. 한국 사회의 공론장은 인터넷 언론 등 뉴미디어의 급성장에도 불구하고, 여전히 거대한 자본을 바탕으로 한 보수언론들이 지배하고 있다.[4] 권위주의 시대의 권언(權言) 유착과 권지(權知) 유착에 익숙했던 한국의 보수언론과 지식인들은 자신들과 성향이 다른 이데올로기와 그것을 지향하는 집단을 억

4 소통이론가 위르겐 하버마스에 따르면 민주사회의 공론장은 다양한 스펙트럼의 이데올로기를 논의의 대상으로 삼을 수 있어야 한다. 그러나 정작 보수언론이 보수 이데올로기 이외의 모든 이데올로기를 이단시하는 것은 '자본에 의한, 자본을 위한, 자본의' 매체라는 속성을 가지고 있는 탓이기도 하다. 얼마 전 일간 신문사를 그만둔 한 기자는 필자와의 대화에서 "민주화 이후 언론이 권력으로부터의 자유를 획득했으나 자본에 대한 종속은 심화돼 대기업 등 거대 광고주들의 기호에 맞는 기사들을 주로 취급하고 있다"고 지적했다.

압하는 데 색깔론을 주저 없이 들이댄다.

우리 사회가 민주화를 달성했는데도, 왜 이들 지식인은 마니교적 이분법과 증오심을 버리지 못하고 있는가? 오랫동안 우리 사회의 담론을 지배해 온 그들은 자신들의 가치관과 논리에 공감하지 않는 세력을 도저히 참아내지 못한다. 그들에게 있어 이승만은 건국의 아버지고, 박정희는 경제성장의 아버지며, 전두환과 노태우는 철통 안보의 아버지다. 또한 미국은 오늘의 발전된 한국을 만든 은혜로운 혈맹이며, 일본은 미개한 한국의 근대화를 도와준 형제 국가이다. 행여 이런 '역사적' 사실을 부정하려 드는 세력이 있다면, 그것은 틀림없이 친북 · 좌파 · 반미세력이다. 그들이 이처럼 당연시하는 '대한민국의 모습'은 과연 어떻게 형성되었는가?

에드워드 사이드의 표현을 빌자면 한국의 보수세력이 갖고 있는 우리의 모습은 본래 우리 스스로 창조한 것이 아니라, 독재정권의 분단논리와 강대국의 냉전논리, 그리고 일본의 식민지배논리가 만들어낸 허구들의 조합 이미지에 다름 아니다.[5] 사이드가 동양을 지배하고 억압하기 위해 서구가 만들어낸 편견과 왜곡의 허상을 '오리엔탈리즘'이라고 불렀다면, 필자는 한국의 보수세력이 이를 '한국적 오리엔탈리즘'으로 내재화하고 이상화한 이 허구적 현실을 '복제 오리엔탈리즘'이라고 감히 부르고 싶다.

사이드가 '동양(실제의 동양)의 동양화(이념적 허상으로서의 동양 만

5 에드워드 W. 사이드, 『오리엔탈리즘』(증보판), 박홍규 옮김, 교보문고, 2000. cf. 필자가 편역한 『도전받는 오리엔탈리즘』(김영사, 2001)을 참조하라.

들기)' 라 부른 '오리엔탈리즘' 의 담론 체계는 당연히 동양의 실제 현실과는 무관하다. 후진성, 기괴성, 관능성, 정체성, 수동성처럼 동양적 특징으로 거론되는 이미지들은 순전히 서구인의 상상력이 만들어낸 '허구' 일 뿐이다. 그 '허구' 는 어느새 권위 있는 학문적 진리이자 건전한 상식으로서 권능을 지니고 통용되기에 이른다.

더욱 중요한 것은 그 허구가 동양에 대한 서양의 식민지배를 합리화했다는 점이다. 한국의 보수세력도 독재정권의 분단논리와 미국의 냉전논리, 일본의 식민지배논리 등 구시대의 3각 편대가 빚어낸 허구적 이데올로기의 도그마에 갇혀 있는 것은 아닌가?

한국의 보수세력 중에는 친일세력이 적지 않다. 해방 60년이 지났는데도 지금까지 친일파 등 과거사 정리가 지지부진한 것은 순전히 우리 사회 곳곳에 지배적 네트워크를 구축하고 있는 친일세력들의 반대 때문이다. 친일세력들의 견해는 한국이 일본의 근대화 교육에 고마워해야 한다는 것이다. 이른바 '식민지 근대화론' 의 주장이다. 그러나 19세기 서구 열강의 시선을 모방한 일본의 복제 오리엔탈리즘은 동양을 탄압하는 또 다른 제국주의의 모습으로 발현되었다. 아시아를 벗어나 유럽과 어깨를 견주어야 한다는 이른바 '탈아입구(脫亞入歐)' 를 주창한 후쿠자와 유키치는 "우리 일본의 국토는 아시아의 동쪽 끝에 있지만 그 국민의 정신은 이미 고루함을 벗어나 서양의 문명으로 옮겨갔다"[6]고 강조했다.

그는 일본이 서구의 당당한 구성원으로 격상된 반면 중국이나 그

---

6 고모리 요이치, 『포스트콜로니얼』, 송태욱 옮김, 삼인, p.58, 2002.

속국으로 여겼던 조선이 여전히 미개 상태에 놓여 있음을 비아냥거린다. 그의 저서들[7]에는 조선인에 대해 '완고하고 고루함', '고루하고 편협함', '의심 많음', '구태의연', '겁 많고 게으름', '잔혹하고 염치없음', '거만', '비굴', '잔인' 등 수많은 비역사적인 묘사가 아로새겨져 있다. 이들 표상은 조선 등 식민지에 대한 과학적 고찰 속에서 반복되고, 학술적 텍스트 속에 언급되는 동시에 실제 통치행위 속에 참조됨으로써 사실로 실체화되어 갔다. 이렇게 아시아와 서구의 존재론적 · 인식론적 구별에 기초를 둔 사고방식은 아시아에서 문명의 우두머리가 된 일본과 미개의 '고루한' 인접 국가인 중국이나 조선과의 경계를 구분 짓고, 결국 스스로 대표할 수 없는 아시아를 대신해서 일본이 그들을 대표해야 한다는 도착증세를 갖게 했다.

그런데 서구의 오리엔탈리즘이 일본을 통해 재복제된 한국식 오리엔탈리즘은 지식인들에 의해 서구의 원판이나 일본의 복제품보다 더 강고한 괴물이 되고 말았다. 일제의 식민지배가 사라진 지 오래고, 동서 냉전이 종식된 지 한 세대가 흘렀는데도, 우리의 지식인들은 여전히 미국과 일본의 '영광스러운 유산'에 취해 있다. 그들은 권위주의 정권과 냉전시대의 차가운 흑백논리를 강요하면서 날카롭게 날을 세운 '프로크루스테스(Procrustes)'[8]의 각진 침대에 우리 모두를 묶는다. "피지배자들이 지배자들로부터 부과된 도덕을 지배자들

7 『서양사정(西洋事情)』, 『콘사이스세계일람(掌中萬國一覽)』, 『세계각국편람(世界各國便覽)』 등.

8 프로크루스테스는 그리스 신으로 메가라와 아테네의 길가에 살던 노상강도이다. 지나던 여행자를 붙잡아서 자기 침대에 눕혀 보고 저보다 키가 큰 사람은 다리를 자르고, 작은 사람은 잡아 늘였다고 한다.

보다도 더 진지하게 받아들인다"[9]는 아도르노와 호르크하이머의 지적처럼, 그들은 동서 냉전의 당사자들이 이미 오래 전에 냉전을 종식했는데도 여전히 냉전시대의 '영광'을 되살리려 하고 있다. 냉전의 두터운 보호막이 사라졌다고 해도 그들은 결코 외롭지 않다. 그들에겐 '팍스 아메리카나'의 제국을 실현하려는 '네오콘(Neocon)'이라는 미국의 극우세력과 다케시마(독도)를 호시탐탐 노리는 일본의 극우세력이 든든한 친구로 남아 있기 때문이다. 여기에 한국 사회의 공론장을 지배해 온 이 땅의 수구 논객과 언론들이 변함없는 후원자로서 그들이 힘들고 지쳐 있을 때 격려해 주고, 이끌어 주고 있지 않은가? 국민들이 자신들의 '참뜻'을 알아주지 못해도, 그들은 자신들의 목표를 향해 정진한다. '악의 축' 북한과 남한의 '친북 정권'을 무너뜨려 한반도를 명실상부한 팍스 아메리카나 제국의 일원이 되도록 하는 것이 그 목표다.

이 책의 1부에서는 미국의 현대판 오리엔탈리즘 재구성을 시도하는 조지 W. 부시와 그의 네오콘 싱크탱크들의 전략과 철학을 더듬어 보고, 2부에서는 네오콘 싱크탱크들의 세계지배 전략인 '팍스 아메리카나'의 실현 과정을, 3부에서는 한반도에 투영된 미국의 오리엔탈리즘적 시각을 진단해 보고, 4부에서는 오리엔탈리즘의 덫에 걸린 한국 지식인 사회의 '우리 안의 오리엔탈리즘'을 살펴본다. 그리

9 T. 아도르노 & M. 호르크하이머, 『계몽의 변증법』, 김유동 옮김, 문학과 지성사, p.227, 2001(1947).

고 마지막에서는 격동하는 국제질서 속에 우리 사회의 대립과 분열을 극복하기 위한 화합과 공존의 길을 모색하고자 한다.

필자는 이 책에서 에드워드 사이드가 『오리엔탈리즘』의 글쓰기에서 원용한 미셸 푸코의 '언설'[10]이라는 개념에 의존해 우리 사회에서 지배적 담론 권력을 발휘하는 이른바 '미디어 지식인'들의 말과 글을 글쓰기의 텍스트로 삼았음을 밝혀 둔다. 그들이 남긴 텍스트 혹은 언설 이면에는 독재 시대와 냉전 분단 시대, 더 멀리로는 일제의 식민 지배로부터 내면화된 자신들의 오리엔탈리즘적 신화를 우리 사회에 다시 부활시키려는 목표와 전략이 일관되게 담겨 있는 것이다.

---

10 언설이란 미셸 푸코가 저서 『지식의 고고학』, 『감시와 처벌』 속에서 언급한 중요한 사상적 개념 중 하나로, 지배계급의 언어표현이 글 또는 언어의 연대에 의해 정리된 내용을 바탕으로 하고 있음을 일컫는다. 즉, 그들의 언어표현에는 일관성과 통제성이 내포돼 있다는 얘기다.

제 1 부

오리엔탈리즘의 재구성

NEW · MYTHS · OF · ORIENTALISM

1_ 오리엔탈리즘의 새로운 진화

"네오콘은 공산주의자보다도 더 나쁘다. 왜냐하면 그들은 옛날의 공산주의보다 더 세계권력에 접근하고 있기 때문이다. 네오콘이 공산주의보다 훨씬 더 위험하다. 왜냐하면 그들은 공산주의를 소화하고, 그것을 유대의 밴드왜건(가두 퍼레이드의 선두에 서는 군악대)으로 결부시켰기 때문이다. 그들은 그것을 세계정복의 최종적 수단으로 보고 있다."

– 유스터스 멀린스(Eustace Mulins)[11]

미국의 패권주의적 대외정책은 생전의 에드워드 사이드로부터 야만적 오리엔탈리즘에 기반하고 있다는 비판을 받았지만, 그의 사후에 더욱 맹렬한 기세를 떨치고 있다. 부시와 그의 네오콘 싱크탱크가 자신들이 규정한 이른바 '불량국가' 및 '악의 축' 국가들과 각을 세우고, 전쟁을 불사하면서까지 쟁취하려 한 것은 미국 오리엔탈리즘의 확실한 실현이다. 특히 부시의 대외정책에 영향을 미치는 네오콘들은 미국의 사명이 민주주의의 사상과 가치를 전 세계에 이식시키는 것이라고 주장하고 있다.

그러나 네오콘 내부에 우려의 목소리도 있다. 부시 집권 초기 네오콘 이념에 공감했던 프랜시스 후쿠야마는 최근 저서 『기로에 선 미국(America at the Crossroads)』에서 자신이 한때 지지했던 네오콘

---

11 미국의 평론가. www.rense.com/general39EUSTACE.html.

들과의 결별을 선언하였다. 그는 "이미 지난 2004년 2월 미국기업연구소의 만찬에 참석했을 당시 자신이 믿었던 것과 네오콘들이 믿는 것으로 보이는 것 사이의 불일치를 절감할 수 있었다"고 밝혔다. 후쿠야마는 "미군이 이라크 침공 이후 대량살상무기(WMD)를 찾지 못하고 고약한 내란상태에 빠져들고 있다"며 "다른 세계로부터 고립되는 상황임에도 내 주변 사람들 모두가 부시의 연설에 열렬하게 환호하는 것을 이해할 수 없었다"고 비판하였다.

네오콘 싱크탱크들은 과거처럼 힘만 앞세운 미국의 실수를 되풀이하지 않기 위해 강제적 무력을 동원하면서도 미국적 민주주의 가치의 숭고함을 내세우는 선전전(宣傳戰)을 중시한다. 마치 안토니오 그람시(Antonio Gramsci)[12]의 헤게모니 이론을 응용하듯, 미국의 헤게모니 유지를 위해 국제사회에 군사적 무력을 시위하는 동시에 미국적 사고방식이나 가치관을 전파함으로써 '지적이고 도덕적인 미국의 리더십'을 심어주려 하고 있다.[13] 헤게모니란 무엇인가? 기본적으로, 이 용어의 사전적인 의미는 한 나라가 연맹 제국에 대해 갖는 지배권, 맹주권, 패권을 말한다.

12 1926년 11월 이탈리아 공산당 창립자이자 사상가인 안토니오 그람시는 베니토 무솔리니의 파시스트 정권에 의해 구속돼 1937년 4월 숨지기까지 10년 세월 동안 옥중에서 무려 3천 쪽에 이르는 '옥중 수고(Prison Notebook)'를 집필했다. 사후(死後) 30년이나 지나서야 세계에 널리 알려진 그람시 사상의 핵심은 '헤게모니 이론'이다. 즉 민중의 자발적 동의와 강제력의 지배가 균형을 이룰 때만이 한 사회를 이끌어가는 헤게모니를 유지할 수 있다는 것이다. 물론 그람시는 '혁명전략'으로서의 헤게모니를 말한 것이겠으나 그것이 사상과 시대, 국가권력이나 시민사회를 초월해 주목되는 것은 '지적이고 도덕적인 헤게모니를 행사하는 리더십'에 대한 통찰에 있다고 하겠다.

오늘날 이 용어는 일반적으로 20세기 이래 특히 미국 같은 초강대국의 활동과 관련하여 자주 사용된다. 미국이 개전한 2003년의 대(對)이라크 전쟁은 외견상 적을 상대로 한 물리적 지배 방식을 추구했지만, 내부적으로는 싱크탱크들의 적극적인 담론 전쟁, 즉 문화적인 헤게모니 쟁취를 놓고 벌였던 또 다른 차원의 전쟁이라고 할 수 있다. 그들은 학술 세미나는 물론, 각종 보고서와 언론 기고 등을 통해 미국의 보편적 가치와 이상을 전파하는 데 주력하고 있다.

에드워드 사이드에 따르면 유럽의 계몽주의 시대로부터 비롯된 오리엔탈리즘은 동양과 서양 사이의 권력 관계와 지배 관계를 포함한 다양한 헤게모니적 관계로 이해된다.[14] 그렇다면 18세기 이후 축적되어 온 유럽식 오리엔탈리즘 전통은 미국식 오리엔탈리즘에도 그대로 적용되어 이해될 수 있는가? 기본적으로 오리엔탈리즘은 19세기 초엽부터 제2차 세계대전까지는 프랑스와 영국에 의해 발현되었지만, 그 후부터는 미국이 오리엔탈리즘을 주도하게 되었다. 특히 냉전체제가 종식된 1990년대 이후 미국이 세계 초강대국으로 자리잡으면서 고전적 오리엔탈리즘에 변형이 이뤄지고 있는 것이다. 미국은 영국이나 프랑스와 같은 유럽의 고전적 오리엔탈리스트 국가들과는 달리 아랍국가들과는 역사적으로나 문화적으로 오랜 시간의 긴밀한 관계를 갖고 있지 않다. 오히려 미국이 관심을 갖고 있는 동

13 셸리 월리아, 『에드워드 사이드와 역사쓰기』, 김수철 · 정현주 옮김, 이제이북스, p.46, 2003.

14 에드워드 W. 사이드(2000), 같은 책, p.18.

양은 사이드가 언급하듯이 일본 · 중국 · 인도 · 파키스탄 · 인도차이나 등이며, 미국은 이 지역들과의 관계 속에서 정치 · 군사 · 경제 등 실리적 차원의 목적을 달성하기 위한 또 다른 오리엔탈리즘 담론을 시도하고 있다. 즉, 새로운 '배제'와 '내포'의 원칙을 가정한 미국식 오리엔탈리즘의 새로운 판짜기는 이제 중동지역과 극동지역을 구분하지 않는 범동양적, 그리고 나아가서는 범세계적인 형태를 요구한다. 이런 관점에서 보면, 이라크 전쟁을 통해 미국이 중심이 되어 행한 상징적 폭력은 '동양' 대(對) '서양'이라는 지정학적 갈등 구도를 벗어난다. 종국적으로 이 전쟁은 전세계를 친미와 반미라는 이분법적 대립 구도로 재현하는 전지구적 분열을 강요함으로써 향후 미국이 전세계 유일 제국으로서의 패권을 유지하는 데 필요한 미국식 오리엔탈리즘의 기반을 다지는 효과를 거둔 셈이다.

미국식 오리엔탈리즘의 궁극적인 목적 또한 과거 유럽식 오리엔탈리즘과 마찬가지로 동양을 관리하고 지배하고 억압하기 위한 것이다. 하지만, 전략적으로는 동양을 더 이상 비이성적이고 문명화되지 않은 신비한 이국적 존재로만 보기보다는 세계의 법과 질서를 문란하게 하는 테러리스트로서 '악'의 존재와 동일한 것으로 간주한다. 이 같은 사실은 부시 정권이 그동안 이란, 이라크, 리비아, 수단, 시리아, 쿠바 등의 나라에 대해 소위 '불량국가'라 부르다가 2002년 초에 부시의 연두교서에서 7개 불량국가 중 특히 이란, 이라크, 북한을 '악의 축'의 나라로 지목한 대목에서 확인할 수 있다. 이와 관련해 국제전략가인 즈비그뉴 브레진스키가 최근 부시가 북한의 공산주의를 아랍의 이슬람주의와 동일시하는 우를 저질렀다고 지적했지만, 부시의 계산은 다분히 의도적이다. 미국 중심의 새로운 오리엔탈리즘 재구성은 동양과 서양이라는 특정 지역 중심의 지리적 기준보다는 오히려 '선과 악' 이라는 추상적인 개념을 기준으로 이뤄지고 있는 것이다.

이제 더 이상 세상은 동양과 서양이라는 불균등한 두 가지의 지정학적 범주로 구분되지 않는다. 좀더 보편적이고 추상적인 '선과 악' 이라는 이항대립 개념에 근거한 정치적인 범주가 그 자리를 대신한다. 다분히 미국적인 지식과 상상력의 전통에 의존해 온 우리의 주류 미디어 지식인들이 미국식 오리엔탈리즘의 관점을 남북관계 등 우리 내부의 문제에 적용해 왔다는 점은 반성해야 할 대목이다. 최근의 북핵 문제, 대북관련 담론에서 알 수 있듯이, 우리의 미디어 지식인들은 '민주주의와 반민주주의', '자유와 구속', '선과 악' 등의 이분법적 오리엔탈리즘 담론을 확산시키면서, 궁극적으로 미국의 의도대로 북한을 고립시키는 데 기여하고 있는 것이다.

2 _ 오리엔탈리즘에 철학을 걸치다

"서구 민주주의를 위해서 세계를 안전하게 만들려면 전 지구를 민주적으로 변화시켜야 한다."

–레오 스트라우스(Leo Strauss)[15]

이데올로기 칵테일 시도

부시 정권의 정치적 철학 기반은 '기독교 근본주의'와 '네오콘 이념'을 이데올로기적으로 혼합한 것이어서 그 특징을 정의하기가 쉽지 않다. 부시는 잘 알려져 있듯이 텍사스 출신으로 이른바 '바이블 벨트'라고 불리는 미국 남부지역(텍사스, 캔사스, 사우스캐롤라이나, 앨라바마, 조지아, 뉴올리언즈 등)을 배경으로 한 기독교 우파세력을 등에 업고 있다.[16]

정치적 성향으로 볼 때 기독교 근본주의는 1960년대 반전운동, 흑인민권운동, 여성해방운동, 히피운동에 대한 역사적 반동으로 볼 수

15 Leo Strauss, *The City and Man*(Chicago: The University of Chicago Press, 1964), p.4.
16 레오 스트라우스 연구 사이트(www.leostraussian.net)를 참조하라.

있다. 이들은 공립학교에서의 '성경읽기와 기도의 자유', 마약 · 동성애 · 낙태 반대, 남녀평등 헌법수정안 폐기 등을 주장하고 있다. 1970년대 이후 중공업과 원유개발 사업으로 급부상한 미국 남부지역의 경제력이 이들의 물적인 토대다.

부시 대통령에게 가장 강력한 영향력을 미치는 기독교 근본주의자는 집권2기 정부의 출범 시기에 사직한 존 애쉬크로프트(John Ashcroft) 전 법무장관이다. 그는 개신교회 목사의 아들로 태어나, 예일대와 시카고대에서 학위를 마쳤다. 미주리주 법무장관과 상원의원을 역임한 그는 클린턴의 탄핵을 가장 목청 높여 외쳤던 사람이다.

하지만, 부시 대통령에게 대외정책의 이념적 기반을 제공하는 네오콘들은 이들 기독교 근본주의자들과는 성장 배경이 다르다. 네오콘들은 주로 동부해안 출신이며 대부분 유대계이다. 기독교 근본주의자들과는 달리, 그들은 아침에 성경이 아니라 시사잡지를 읽으며, 임신 중절을 금지하고자 하거나 학교에서 예배를 강요하려고도 하지 않는다. 그들에게 네오(Neo)라는 접두어가 붙은 것은 단지 정책상의 새로운 경향 때문이 아니다. 그들의 출신 자체가 보수주의 바닥에선 어설픈 아마추어들이라는 것이다. 네오콘들의 경력을 보면 민주당 출신 및 좌파 경력을 가진 이들이 많다. 얼마 전까지 국방정책자문위원장을 지냈던 대표적 네오콘 이데올로그인 리처드 펄, 네오콘 싱크탱크인 미국기업연구소(AEI)에 적을 두고 강경발언을 일삼고 있는 조슈아 무라브치크 같은 이들은 현재도 민주당원이다.

부시 집권 2기에 들어서 핵심 네오콘 몇 명이 행정부를 떠난 것은 사실이지만, 여전히 부시와 행정부에 절대적 입김을 불어넣는 것은 폭넓게 포진한 네오콘 세력이다. 조지 W. 부시의 대표적 '네오콘 싱크탱크'는 국방부 부장관을 거쳐 얼마 전에 세계은행총재로 자리를 옮긴 폴 월포위츠(Paul Wolfowitz)다. 뉴욕 출신 유대인으로 코넬대와 시카고대에서 학위를 받았다. 이후 예일대와 존스홉킨스 대학에서 강의를 하기도 했다. '기독교 근본주의자' 애쉬크로프트와 '네오콘' 월포위츠의 이력을 뜯어보면 공통점이 하나 있다. 그것은 이 두 사람 모두 법학박사 학위와 철학박사 학위를 받은 곳이 시카고대학이라는 점이다. 이곳이 이데올로기 칵테일의 고리인 것이다.

시카고는 어떤 곳인가? 영화를 좋아하는 사람이라면 냉혈킬러와 음모가 도사린 도시를 묘사한 리처드 기어, 르네 젤위거, 캐서린 제타 존스 주연의 뮤지컬 영화 '시카고'를 먼저 연상할 것이다. 정치사상에 일가견이 있는 사람이라면 코포라티즘의 대표적인 이론가인 슈미터와 사회민주주의에 정통한 세보르스키 같은 진보적인 정치학자들을 떠올릴 것이다. 반면에 경제에 조금이라도 관심이 있는 사람이라면 미국식 신자유주의의 기원이 된 자유주의적 경제사상의 뿌리를 생각하게 될 것이다. 유대인 출신의 프리드리히 하이에크(Friedrich von Hayek, 1899~1992)나 밀턴 프리드먼(Milton Friedman, 1912~)은 시카고학파의 창시자들이다.

그러나 시카고에서 반드시 알아야 할 사람이 있다. 유대인 출신으로 고대의 플라톤과 아리스토텔레스 철학에 큰 족적을 남긴 레오 스트라우스(Leo Strauss, 1899~1973)라는 철학자가 그 주인공이다. 한평생 고대 철학자들의 난해한 텍스트만을 해석하다가 저 세상으로 떠난 그가 2000년 부시정권의 등장과 함께 세계 정치의 한 중심적 인물로 재림해 전세계에 '스트라우스 붐'을 일으키고 있는 것이다.

스트라우스 철학을 훔치다

호전적인 네오콘들의 사상적 뿌리는, 그들의 주장에 따른다면, 유대인 독일 망명학자인 레오 스트라우스의 철학으로 거슬러 올라간다. 그의 철학은 사제지간의 관계와 정치 이해관계를 통해 앨런 블룸, 폴 월포위츠, 윌리엄 크리스톨 등 네오콘들에게 많은 영향을 끼친 것으로 알려지고 있다.

토머스 홉스를 신봉한 스트라우스는 인간은 살아남기 위해 투쟁해야 하며, 평화는 인간을 타락시키기 때문에 영구 평화보다는 영구 전쟁이 더 바람직하다고 생각했던 인물이다. 『정치철학이란 무엇인가』, 『폭군론』, 『자연권과 역사』 등의 저서를 남긴 스트라우스의 정치철학은 『미국 정신의 종말』을 쓴 앨런 블룸 시카고대학 교수에 의해 확산되었으며, 네오콘의 대부라고 일컬어지는 어빙 크리스톨이 『어느 신보수주의자의 회상』이라는 책에서 최초로 '네오콘'이라는 이름을 붙였다. 오늘날 네오콘들의 상당수는 자신들의 사상적 스승을 레오 스트라우스라고 말하면서 스스로 '스트라우시언(straussian)'이라고 밝히고 있다.

그러나 스트라우스는 실제로 정치와 국제관계의 시사문제에 대해 글을 쓴 적이 없다. 그는 그리스의 고전 텍스트와 기독교, 유대인, 이슬람교도들의 문헌 기록들에 대해 방대한 고증학적 지식을 지닌 것으로 학계로부터 평가를 받았다. 특히 난해하기 짝이 없는 고대 기록들에 대한 권위 있는 주석으로 이름을 날렸다. 또한 그는 철학적 전통이 없는 미국이라는 나라에 고전 철학과 독일의 사유를 성공적으로 이식한 주인공이라는 평가를 받는다. 프랑스 철학자 레이몽 아롱(Raymond Aron)은 2차 세계대전의 발발 전 베를린에서 스트라우스를 잠깐 만나 교류하는 동안 그의 철학에 크게 공감했다. 그래서 피에르 아스네르(Pierre Hassner), 피에르 마넹(Pierre Manent), 장 클로드 카사노바(Jean-Claude Casanonva)와 같은 젊고 유능한 제자들까지 스트라우스에게 보내 그의 철학을 배우게 하기까지 했다.

유대인인 스트라우스는 1899년 독일 헤센주 키르히하인(Kirchhain)에서 태어나 1916년 시오니즘에 '귀의' 했으나 히틀러가 권력을 잡자 독일을 떠났다. 파리, 런던을 거쳐 미국으로 건너가 뉴욕의 뉴스쿨 사회연구소에서 철학을 가르쳤다. 이어 시카고대로 자리를 옮겨 그곳에서 '사회사상위원회(Committee on Social thought)'를 설립한 뒤 1973년 폐렴으로 죽을 때까지 이른바 '스트라우스 학파' 의 뿌리를 내리게 된다.

네오콘들이 레오 스트라우스를 자신들의 사상적 스승으로 받든다면, 그의 어떤 점에서 매혹을 느꼈을까?

첫 번째는 스트라우스가 개인적 경험을 통해 얻은 강한 민주주의에 대한 성찰이다. 그는 젊은 나이에 독일 나치주의자들의 야합적 만행으로 빚어진 바이마르 공화국의 퇴락을 경험했다. 이후 끔찍한 나치의 전체주의를 피해 헤겔이 '미래의 나라' 라고 찬양한 미국에 건너온 스트라우스에게 미국은 또 하나의 바이마르 공화국에 지나지 않았고, 이는 파시즘 등장의 전조로서 망명객에게 커다란 악몽으로 다가왔다.

스트라우스는 저서 『스피노자 철학의 종교에 대한 비판』의 서문에서 "민주주의가 힘이 약해 전체주의의 유혹을 떨치지 못한다면, 더 이상 그 가치의 실현은 불가능할 것"이라며 바이마르 공화국의 사례를 들었다.

"바이마르 공화국은 허약해지면서 폭력이 난무하게 되었다. 그렇지 않았으면 공화국의 영광은 지속되었을 텐데 말이다. (…) 유대인 출신의 외무장관 월터 라테노(Walther Rathenau)가 1922년 테러로 암살당했을 때 공화국의 대응은 끔찍할 정도로 나약하였다."[17]

두 번째, 스트라우스가 고전철학 탐구를 통해 얻은 상대주의에 대한 비판적 성찰이다. 스트라우스에 따르면 현대의 우리들에게나 고대 철학자들에게 있어 가장 본질적인 문제는 인간의 본성을 가꾸어 내는 '정치 레짐(political regime)'에 관한 질문이다. 왜 20세기에 나치즘과 소련 공산주의와 같은 '전체주의적 레짐(totalitarian regime)'이 출현했을까? 그는 '전체주의적 레짐'을 '폭정(tyranny)'이라고 불렀다.

그에 따르면 폭정이 출현한 이유는 계몽주의 시대 이후 나약해진 지식인들과 관련이 깊다. 이를 테면, 지식인들이 '역사주의(historicism)'와 '상대주의(relativism)'에 현혹되었으며, 뿐만 아니라

---

17 Leo Strauss, *Spinoza's critique of religion*(New York: Schocken Book, 1965), p.1.

달성하기 힘든 '절대 선(善)'을 포기하는 대신 사소하고, 즉흥적이며, 구체적인 '작은 선'들을 추구하기 시작했다. 그러나 이들 선(善)은 '현실 속 선들의 잣대'가 되어야 할 '절대 선'이 뒷받침되지 않아 전체주의의 폭력 앞에 쉽게 무너져 내렸다는 게 그의 지적이다. 정치철학의 용어로 굳어진 상대주의는 동서냉전 시기이던 지난 1960년대와 1970년대에 첨예하게 대립했던 미국과 구(舊) 소련간의 적대적인 두 이데올로기를 관통하는 수렴이론을 창출하는 데 기여했다. 이로써 미국의 민주주의는 구 소련의 공산주의를 인정하게 됐다.

이와 관련해 스트라우스는 근대성을 상징하는 미국의 자유민주주의 체제에서 바이마르 공화국처럼 절대적 권위를 가진 진리가 부재한 공백을 틈타 모든 견해와 종교, 문화들이 상대적 가치를 인정받으며 독버섯처럼 자랐다고 지적한다.[18]

그러나 스트라우스는 '선의 레짐'과 '악의 레짐'을 구분지었다. '선의 레짐'을 지키기 위해 가치 판단을 포기해선 안 되며, '악의 레짐'에 맞서 스스로를 지킬 권리와 의무를 동시에 지녀야 한다는 것이다. 그의 이 같은 이분법적 '정치 레짐' 개념이 부시 대통령의 이른바 '악의 축' 발언으로 환원됐다고 판단하는 것은 지나친 비약일지 모른다. 분명한 사실은 두 사람의 '악'의 개념이 흡사하다는 점이다. 스트라우스 그 자신은 대영제국과 그 제국을 통치한 지도자 윈스턴 처칠(Winston Churchill)을 찬미하긴 했으나, 미국 민주주의가

18 Strauss, ibid, p.2.

각국의 정치제도 중 가장 덜 사악한 '레짐' 이라고 생각하였다. 스트라우스 추종세력들은 이 점을 중시해 "인류를 개화시키는 데 미국의 민주주의보다 더 좋은 레짐은 없다" 고 주장한다.

또한 스트라우스는 그 자신이 무신론자임에도 불구하고, 종교의 정치적 의미에 관심이 많았다. 그는 종교가 많은 사람들에게 환상을 갖게 하는 데 유익하며, 이 환상이 없으면 질서도 유지될 수 없다고 생각하였다. 반면에 철학은 난해한 코드언어를 해석할 능력을 갖추고 명료한 언어를 구사하는 극소수의 사람들에게 다가서야 한다는 것이다. 근대성(modernity)의 함정이나 진보의 환상에 맞서 고대 로마시대로의 회귀를 갈구한 스트라우스는 계몽주의 시대의 성과인 '자유주의적 민주주의' 를 조금도 옹호하지 않는다. 심지어 자유주의적 민주주의 레짐의 정수(精髓)라고 할 법한 미국의 민주주의에 대해서도 마찬가지다. 그에 따르면 만약 상대주의라는 이름 아래, 모든 것이 가치와 의미를 갖게 되면, 자유주의는 상대주의 속에 사라질 위험에 놓이게 된다는 것이다. 따라서 본질적 자유주의를 지켜내기 위해서는 상대주의적 자유주의에 대한 비판이 불가피하다는 주장이다. 스트라우스가 비판하는 상대주의적 자유주의란 무엇을 의미하는가? 그것은 역사주의와 상대주의라는 이름 아래 나치 시절에 많은 지식인들을 변절시킨 자유주의를 일컫는다.

네오콘들이 스트라우스의 난해한 철학에서 가장 주목하는 것은 상대주의적 자유주의에 대한 비판이다. 스트라우스의 철학을 훔친 네오콘들은 미국의 '본질적 자유주의' 를 유럽이 강조하는 다자주의,

국제규범 등 '상대주의적 자유주의'와 대비시킨다. 세계 평화의 유지를 위해선 '악의 레짐들'을 실질적으로 교체할 수 있는 힘의 사용이 그 어떤 국제기구나 국제회의체보다도 중요하다는 것이다. '악의 레짐들'이 다자주의적 자유주의의 무능력을 비웃고 있지 않는가?

미국에 가장 큰 위협이 되는 요소는 민주주의 체제를 미국과 공유하지 못하는 국가들에서 비롯되고 있다고 네오콘들은 보고 있다. 이들 국가의 정치 레짐을 바꾸어 민주주의 레짐의 가치를 증대시키는 것이야말로 미국의 안전과 평화를 보장하는 최선의 방안이라는 주장이다.

정치 레짐의 중시, 민주주의 레짐에 대한 찬미, 미국적 가치에 대한 종교적인 수준 이상의 찬사, 폭정에 대한 결연한 반대…, 부시의 핵심 측근으로 활동하는 네오콘들의 이 같은 신념은 스트라우스의 사상적 개념들과 흡사하다. 특히 부시의 싱크탱크로 활동하는 네오콘들은 스트라우스의 이념을 현실정치에 맞게 분칠했다.

그러나 네오콘들이 자신들의 정신적인 스승으로 삼고 있는 스트라우스와 구별되는 게 하나 있다. 즉, 그들은 스승의 미국식 민주주의 레짐에 대한 낙관주의(optimism)에 자신들이 전 세계에 진정한 자유를 구현하리라는 메시아니즘(messianism)을 덧칠하였다. 과거 독일과 일본에서 그랬던 것처럼, 지금은 아랍에서 메시아니즘을 구현하고 있고, 조만간 한반도에서도 그것을 실행하고 싶어 한다. 마치, 정치적 '의지주의(volontarism)'가 인류의 본성을 바꿀 수 있다고 확신하는 듯하다. 네오콘들은 스트라우스의 가르침을 제대로 실행하는 훌륭한 제자들인가? 아니면 그의 가르침을 제멋대로 왜곡한 불량 제자들인가? 스트라우스의 딸 제니 스트라우스는 "아버지는 학자일 뿐, 네오콘 극우세력들의 스승은 아니다."라고 지적한다.[19] 스트라우스의 전기를 쓴 탄귀에이 다니엘(Tanguay Daniel)도 "스트라우스의 철학이 네오콘 이념에 어떤 측면에서 영향을 끼쳤는지 불확실하다"[20]며 철학의 정치도구화를 경계하였다. 한 세대 훨씬 전에 세상을 뜬 스트라우스만이 이에 대한 확실한 대답을 줄 수 있을 것 같다.

마치 아렌트를 반공 논리에 악용했듯이

스트라우스 철학에 대한 미국 네오콘들의 자의적 해석은 과거 보수세력들이 자신들의 취약한 도덕적 명분을 찾기 위해 철학까지 왜곡해 온 수법과 닮아 있다.

동서 냉전기인 레이건 집권 시절, 보수주의 이론가들은 전두환의 한국, 마르코스의 필리핀, 수하르토의 인도네시아 등 우익 동맹국가들에서 일어났던 거센 민주화 바람을 잠재우고, 이들 독재정권에 정

---

19 이와 관련, 스트라우스의 입양 딸인 제니 스트라우스 클레이는 2003년 7월 〈뉴욕 타임스〉에 기고한 글에서 "최근의 기사들은 내 아버지 스트라우스가 마치 미국의 외교정책을 조종하는 네오콘들의 배후 주모자인 것처럼 묘사하고 있으나 나는 그런 기사들에서 스트라우스를 전혀 찾아볼 수 없다"고 말했다.

20 Tanguay Daniel, *Leo Strauss: Une biographie intellectuelle*, Grasset, Paris, 2003. 캐나다 오타와대 철학교수인 그는 2003년 6월 4일 파리 고등사회과학원에서 열린 '스트라우스 철학' 세미나에서 스트라우스의 제자였던 프랑스 철학자 피에르 아스네르(Pierre Hassner)와 함께 미국 네오콘 세력에 의한 철학의 정치도구화에 대해 우려를 표명했다.

당성을 부여할 수 있는 철학적 근거를 찾고자 노력하였다. 보수주의 이론가 진 커크패트릭(Jeane Kirkpatrick)이 저서 『독재체제와 이중의 기준: 정치에서의 합리주의와 이성』[21]에서 한나 아렌트의 전체주의 개념을 확장해 좌파독재는 일반적으로 '혁명적 독재'인 반면 우파독재는 '전통적 독재'라고 전제한 것은 이 같은 맥락에서다. 이 '혁명적 좌파독재'와 '전통적 우파독재' 사이에는 근본적인 차이가 있다는 것이 커크패트릭의 주장이다.

"일반적으로 말해서, 전통적인 독재자들은 사회적 불평등, 잔인성, 그리고 빈곤을 '관용'하는 편이지만, 혁명적 독재들은 그것들을 창조해낸다. (…) 전통적인 권위주의적 정권들이 덜 억압적이며 자유화되기 쉽고, 또한 미국의 국익과 더 걸맞다."[22]

커크패트릭은 미국이 동맹을 맺고 있는 나라들의 우파 독재정권들에 대해 "미국의 자유주의적 세력이 원하듯이 이들을 무리하게 민주주의로 만들기 위해 압력을 행사하는 것은 제3세계의 전통에 비춰 불가능하고 비현실적인 일"이라고 지적한다.[23] 그녀가 말하는 제3세계의 전통이란 이들 국민이 서구 민주주의의 기초라고 할 '자발적이고 비공식적인 제도들의 발전에 필요한 규율과 습관'을 획득하기까지는 최소 수 십 년이 걸리는 학습능력 부진을 일컫는다.[24] 따라서 미국이 국민들의 학습능력이 떨어지는 우방국가인 우파 독재에 민

21 Jeane Kirkpatrick, *Dictatorships and Double Standards: Rationalism and Relation in Politics*(New York: A Touchstone Book, 1982), p.49.

22 Kirkpatrick, ibid, p.49.

23 Kirkpatrick, ibid, p.26.

주주의를 요구하는 압력을 행사한다면, 우방국가의 정치적 기반을 약화시키고, 그 결과 근본적으로 더 부도덕한 좌파독재의 등장을 촉진해 미국의 국익뿐 아니라 그 지역 주민들에게 해로운 결과를 재촉하는 비도덕적 행위가 되는 셈이다. 제3세계에 대한 오리엔탈리즘적 사고의 전형이 엿보인다.

한편 커크패트릭이 한나 아렌트의 전체주의 개념을 좌파 탄압 및 우익 독재 지지에 악용한 것과는 달리, 정작 아렌트가 저서 『전체주의의 기원』[25]에서 비판한 것은 공산주의 그 자체가 아니라, 나치와 스탈린의 전체주의 같은 이데올로기에 의한 지배와 그것에 필연적으로 뒤따르는 테러 행위였다. 여기에서 테러란 육체적, 심리적 폭력을 체계적으로, 제도적으로, 계획적으로, 합법적으로 제약 없이 사용하는 것을 말한다.

냉전시대에 미국 정부와 학계는 아렌트의 사상을 반공 이념의 핵심적인 개념으로 활용하였다. 심지어 한국의 군사독재정권조차도 이 개념을 차용해 민주화 운동세력을 공산주의 추종세력으로 탄압하는 논리로 악용하기까지 했다.

그러나 아렌트에게 있어 모든 공산주의가 전체주의인 것은 아니었으며, 스탈린 치하 러시아의 정치체제에만 한정된 것이었다.[26]

---

24 이삼성, 〈미국의 신보수주의 외교이념과 민주주의: 현실주의와 도덕철학의 결합양〉, 『국가전략』 2005년 제11권 2호, p.458.

25 Hannah Arendt, *The Origins of Totalitarianism*(New Edition, New York: Harcourt Brace&Company, 1958, 1973), p.460.

그나마 러시아도 스탈린 사후 '탈전체주의화(detotalitarization)' 의 과정을 겪었다는 게 아렌트의 견해였다. 마오쩌둥의 중국에 대해서도 유보적인 입장을 보였다. 결국 아렌트의 생애를 관통하는 전체주의에 관한 문제의식의 대상은 히틀러의 나치즘, 결국 우익 파시즘이었던 것이다.

아렌트의 사유는 히틀러 나치즘의 경험에 대한 평생의 집착과 불가분의 관계를 갖는다. 그녀는 정치권력에 의한 총체적 지배, 즉 공적 · 사적 · 사회적 영역 등 3가지 영역에 대한 국가권력의 포괄적 침투를 전체주의의 본질로 파악했다. 국가권력의 전체주의화에 대한 피해망상적인 경계심, 이것이 아렌트 철학의 본질인 셈이다. 아렌트는 전체주의의 문제를 독일이나 러시아라는 특정한 나라의 문제로서가 아니라 20세기 인류의 현대 문명과 깊은 연관성을 지닌 '우리 세기의 위기' 라고 진단하였다.[27] 아렌트에게 전체주의 개념은 이처럼 좌우를 넘어서는 초이념적인 보편적 범주였으나, 커크패트릭에 의해 그 범주는 좌익체제와 동의어가 되었으며 극우 독재정권들에게 포괄적인 면죄부와 함께 지원을 아끼지 않는 냉전주의적 이분법으로 변질되었다.[28]

커크패트릭의 편향적인 흑백논리, 즉 '좌파독재=악', '우파독재=선' 이라는 냉전주의적 이분법은 오랫동안 미국과 혈맹관계를 맺어온 수많은 우익 독재들에게 민주주의와 인권을 요구하는 자국민들

---

26 이삼성, 같은 책, p.459.
27 이삼성, 같은 책, p.460.

을 탄압할 수 있는 논리를 제공해 왔다.

냉전의 막이 내리고, 정권교체가 이뤄진 클린턴 집권 8년 동안 레이건 시절의 보수주의자들은 담론의 헤게모니전에서 몰락하고, 그 자리에 새로운 아젠다와 수사학으로 무장한, 이른바 '네오콘'이라 일컬어지는 신보수주의자들이 등장하였다. 이들 네오콘은 선배 보수주의자들이 아렌트의 전체주의 개념을 차용해 '좌파'를 미국의 '주적'으로 파악한 것에서 더 나아가 미국에 반대하는 모든 국가와 세력을 미국의 적으로 간주했다. 이들은 상대주의를 부정하고 절대선과 보편주의적 가치를 중시한 스트라우스의 철학을 가미하였다.

28 레이건 정권 시절 의회에서 피플 파워가 발생한 필리핀의 독재자 마르코스에 대한 미국의 지원 문제가 지적되자, 월포위츠 당시 국무부 정책기획국장은 "마르코스에 대한 지원 포기는 필리핀에 공산독재의 출현을 의미한다"고 지적했다. 그는 또 인도네시아 독재자 수하르토에 대해서도 "그의 강력하고 탁월한 지도력에 주목할 것"을 주장했다. 다음을 참조하라. Tim Shorrok, 〈A Skewed History of Asia〉, *The Nation*, April 17, 2003.

3 _ 네오콘 이념, '선과 악'의 단순 흑백논리

부시의 당선과 함께 정치무대 전면에 등장한 네오콘들의 이념은 네오콘의 핵심 이데올로그인 윌리엄 크리스톨과 로버트 케이건이 공동 편집해 대선 직전에 출간한 『현존하는 위험들』이라는 저서에 잘 집약되어 있다.[29] 크리스톨과 케이건은 정치레짐을 선과 악의 이분법으로 파악하는 스트라우스 철학의 열렬한 신봉자로 알려져 있다.

2000년 대선을 앞두고, 크리스톨과 케이건은 이 책의 서문에서 미국에 대한 도전의 실체를 규명했다. 이때 중국, 러시아, 후세인의 이라크, 이란, 북한 등 5개 국가가 미국 안보와 번영을 위협할 이른바 불량국가들로 지목된다.

29 Robert Kagan and William Kristol, eds., *Present Dangers: Crisis and Opportunity in American Foreign and Defense Policy*(San Francisco, CA.: Encounter Books, 2000).

그들은 "미국이 과거에는 독재정권들과 전략적 연대를 맺은 바 있으며, 그것은 때에 따라 불가피했으나 이제는 그럴 필요가 없게 됐다"고 주장했다. 그들에 따르면 냉전의 한 축인 공산주의 국가들이 무너진 마당에, 미국이 과거처럼 독재정권들과 연대하는 것은 불필요하고, 오히려 유해하다는 것이다. 그 대신, 불량한 독재정권들에 대한 '체제전환' 또는 '정권교체'를 추구해야 한다고 주장한다.

그들의 주장은 마치 독재정권들과의 연대를 정당화한 커크패트릭 독트린을 파기하는 논리처럼 들린다. 그러나 그들이 과거에 불가피하게 연대한 사례로 제시한 독재정권들은 우리가 상식적으로 생각해내기 쉬운 과거의 남한, 필리핀, 칠레, 아르헨티나, 과테말라 등 친미 우익독재 국가들이 아니다. 나치 독일과 군국주의 일본에 대항하기 위해 스탈린과 연합했던 일, 소련과의 냉전을 위해 마오쩌둥의 중국과 전략적 제휴를 맺은 일 등이 이들이 밝히는 미국의 유해한 연대 과거사다. 특히 '체제전환(regime change)'이라는 부제 아래, 그들이 타도해야 할 독재정권의 대상으로 집중 거론한 국가들은 북한, 이라크, 그리고 중국이었다. 네오콘들은 부분적으로 세계에 대한 민주주의의 확산을 강조했지만, 그 실제적인 골자는 반미 국가들에 대한 공격적 외교논리로 압축되었다. 특히 아랍국가들과 북한 등 아시아 반미 국가들을 과녁으로 삼았다.

그러다가 '9.11' 이후 미국의 대외정책은 '전쟁'과 '민주주의'라는 두 단어로 압축된다. 미국이 주도한 일련의 전쟁들이 수많은 인명 살상과 파괴라는 반문명적 행위를 동반했지만, 테러 범죄 집단에 대한 응징일 뿐 아니라, 야만의 도전에 맞서 문명을 보호하는 노력으로 정당화되었다. 그 문명을 정의하는 키워드는 민주주의다. 9.11 이후 국제규범을 넘어서는 전쟁까지도 미국은 클라우제비츠(Karl von Clausewiz, 1780~1831)의 말처럼 정치의 연장으로서 더 쉽게 동원할 수 있는 국제환경이 되었다. 특히 네오콘들은 유럽이 주도하는 다자주의적 외교이념에 대해 강한 불신감을 드러냈다. 이 같은 분위기 속에 미국은 유럽 각국의 반대를 무릅쓰고 국제연합(UN)의 승인 없이 이라크 전쟁을 일으켰다. 로버트 케이건은 2004년 3월 보수잡지 〈포린 어페어스〉에 기고한 '미국의 정통성 위기'라는 글에서 "단극질서하에서 이라크 전쟁을 포함한 미국 외교의 정당성의 기초는 더 이상 유엔이 상징하는 국제법적 규범과 다자주의에 근거할 필요가 없다"고 지적했다.[30] 그 대신 자유민주세계를 대량살상무기와 테러리즘으로부터 보호해내는 실질적인 역할 자체가 미국 외교 정통성의 궁극적 근거라고 주장한다. 결과만 좋다면 어떠한 수단이라도 사용할 수 있다는 논리다. 자유주의(민주주의)를 위해 자유주의(다자주의, 국제규범)를 파기할 수 있다는 모순(矛盾)적 논리는 사실 스트라우스의 '상대주의적 자유주의'에 대한 비판에서 출발한다.

유럽을 포함한 국제사회는 미국의 이 같은 논리에 대해 근본적인 의문을 던진다. '과연 미국이 그렇게 해서 이루고자 하는 목적이 정말로 민주주의 확산인가, 더욱이 힘에 기초한 일방주의 정책이 실제로 지구적 차원에서 자유와 민주, 인권의 규범을 확산시키는 효과적

30 Robert Kagan, 〈America's crisis of Legitimacy〉, *Foreign Affairs*, March/April(2004), pp.65~87.

수단일 수 있겠는가.'

이에 대해 서유럽의 전통적인 우방국가들조차 미국에 등을 돌리는 모습이다. 부시와 그의 매파 네오콘 참모들은 '힘에 기초한 미국의 평화(팍스 아메리카나)'를 굳게 믿고 있다. 팍스 로마나 시절, 로마인들에겐 평화가 보장되었을지라도 로마제국 밖의 약소민족들에게 평화는 없었다. 그들에게는 공포만이 있었다. 패권주의적 미국이 주도하는 세계질서와 평화도 세계 최강국의 평화, 미국의 평화일 뿐이다. 그런 상황은 언제라도 제2, 제3의 9.11을 낳을 개연성을 갖고 있다. 부시와 네오콘들만이 그런 사실을 모르는 것일까.

영국의 사학자 에릭 홉스봄은 미국의 제국주의에 대해 이렇게 경고한다.[31]

"미국의 우월성이 얼마나 오래갈지는 말하기 어렵다. 우리가 절대적으로 확신할 수 있는 것은 역사적으로 봤을 때 다른 모든 제국들이 그래왔듯이 그것 역시 일시적인 현상일 것이라는 점이다. 일생을 거치는 동안, 우리는 모든 식민주의적 제국주의의 종말을, 또한 독일의 천년제국(이는 단 12년 지속되었을 뿐이다)의 종말을, 소련의 세계혁명이라는 꿈의 종말을 목격했다. (…)"

31 〈르몽드 디플로마티크〉, 2003. 6.

'네오콘의 음모 = 이스라엘의 음모'

"(…) 2001년 9월 11일 테러사건이 일어나고 나서 9일 후인 9월 20일, 40여 명의 네오콘파는 부시 대통령에게 공개서한을 보냈다. 그 공개서한에서 그들은 테러에 대한 전쟁방법을 미 대통령에게 교시했다. 또한 만약 부시가 네오콘파의 전쟁계획을 실시하지 않으면 테러리스트에게 항복했다고 규탄될 것이라고 경고했다. 이것은 무섭고도 고압적인 태도가 아닐 수 없다! 또 어느 쪽이 주인이고 어느 쪽이 손님인지도 알 수 없다. 감히 대통령에게 '경고했다' 라고 한다. 대통령에 최후통첩을 보낸 네오콘 40명의 주력은 대부분 유대인이고, JINSA(미국국가 안전문제 유대연구소)에 깊이 관여하고 있다. 뿐만 아니라 유대인이 아닌 멤버들도 이스라엘 정부에 동조적이라고 알려졌다. 이것은 누구의 (누구를 위한) 전쟁인가? 그것은 미국을 위한 전쟁이 아니라 이스라엘을 위한 전쟁이 아닌가? 그 답은 한 국가, 한 사람의 지도자, 하나의 정당일 뿐이다. 즉 이스라엘, 샤론, 리쿠드가 그들이다. (…)"

– 패트릭 뷰캐넌, *The American Conservatism*, p.11, 2003. 3. 24.

4 _네오콘 싱크탱크와 여론 조작

미국 네오콘들은 이데올로기 칵테일을 통해 기독교 근본주의에선 메시아적 사명감을, 스트라우스의 고전 철학에서는 '절대 선'을 각각 추출해 '악의 축' 축출이라는 거창한 구호를 제조했지만, 애초부터 그 구호는 전쟁의 명분을 만들기 위한 것에 불과했다는 사실이 하나둘 드러나고 있다. 그들은 9.11 사건의 '배후 조정자' 빈 라덴의 아지트를 파괴하기 위해 아프가니스탄을 공격해야 한다면서 폭격했으나 빈 라덴이 여전히 건재하자, 테러의 지원세력인 악의 축 국가들을 응징해야 한다며 여론 공세를 펼쳤다. 이어 대량학살무기 때문에 이라크를 침공한다고 했다가 끝내 이를 발견하지 못하자 중동에 민주주의를 전파하는 것이 전쟁의 목적이라고 말을 바꿨다.

미국의 패권적 대외전략은 일정한 흐름을 갖고 있다. 미국 정보당국이 정보를 가공해 소스를 제공하면 행정부의 두뇌 역할을 하고 있는 네오콘 싱크탱크들이 이를 재가공해 논리를 가다듬고, 행정부의 고위관료들은 여기에 '반테러'와 '민주주의 확산' 명분을 적당히 버무려 대중 선동을 펼치며 군사행동의 기반을 닦아온 것이다. 이런 시스템은 아프가니스탄과 이라크 전쟁 당시 예외 없이 적용됐고, 현재 북한과 이란 핵 문제의 전개과정에서도 그대로 진행되고 있다.

실제로, 〈뉴욕 타임스〉(2005. 8. 3)는 미행정부 내 고위관료의 발언을 인용해 "이란의 민수용 핵에너지 개발 목적이 핵무기 보유에 있으며, 현재 상태로 진행될 경우 이란은 앞으로 5년 내에 핵보유국이 될 것으로 판단하고 있다"고 보도했다. 이 관료는 자신의 주장을 뒷받침하기 위해 "미 정보당국이 작성한 '이란 핵 보고서'의 내용을 인용한 것"이라며, "이란의 핵 개발상황에 대한 아주 신뢰도가 높은 보고서"라고 보충설명을 곁들였다. 그러나 그로부터 며칠 뒤 미국 국무부 조사국이 중앙정보부(CIA)와 함께 다른 국가들의 정세동향을 파악한 문건인 '국가 정보평가(National Intelligence Estimate)'라는 보고서가 언론에 유출되었는데, 여기에는 "이란이 2015년 이전에 핵무기를 개발할 가능성이 없다"고 기록되어 있다. 비록 '선수'들 간의 손발이 안 맞아 실패로 끝나긴 했지만, 〈뉴욕 타임스〉의 고위관료 발언은 여론조작을 위한 애드벌룬이었던 셈이다.

네오콘의 강점 가운데 하나는 여론 조작에 능하다는 점이다. 대부분의 네오콘들은 싱크탱크에 적을 두고서 동시에 잡지 편집인이나 보수 언론의 칼럼니스트, 또는 대학교수로서 왕성한 저술활동을 통해 자신들의 정치적 의제를 확대 재생산해 나간다. 이들은 이를 위해 행정부와 의회와 언론 사이에 구축된 거미줄 같은 네트워크망을 가동한다.

네오콘 싱크들은 주로 짧은 분량의 페이퍼를 내놓지만, 이라크 전쟁과 북핵 문제와 같은 쟁점에 대해서는 두터운 분량의 저서는 물론, 학술논문, 신문 칼럼, 비망록, 인터넷상의 칼럼 등 활동 영역을 가리지 않는다. 일반적으로, 책 출간은 신문 칼럼 기고에 비해 즉각적인 관심을 끌지 못한다. 하지만 영리한 네오콘은 자신이 출간하는 책 내용을 토대로 별도의 칼럼이나 페이퍼를 내놓아 언론의 관심을 유발한다. 대외정책을 다루는 네오콘 싱크탱커들의 논문은 주로 〈국제안보(International Security)〉, 〈국제조직(International Organization)〉과 같은 국제 전문 학술지에 게재되곤 한다. 이보다 조금 더 대중적인 학술지 〈외교관계(Foreign Affairs)〉, 〈대외정책(Foreign Policy)〉, 〈국가이익(The National Interest)〉, 〈워싱턴 쿼털리(Washington Quarterly)〉, 〈위클리 스탠더드(Weekly Standard)〉, 〈뉴요커(The New Yorker)〉, 〈정책비평(Policy Review)〉 등도 싱크탱크 구성원들이 앞다퉈 자신들의 견해를 피력하는 매체들이다. 또한 경제 또는 군사 분야의 전문 잡지나 학술지도 이들의 활동 무대다.

그러나 이 가운데 가장 극적인 효과를 거둘 수 있는 방법은 전국적인 규모의 유력 일간지에 칼럼을 기고하는 일이다. 〈뉴욕 타임스〉, 〈워싱턴 포스트〉, 〈월스트리트 저널〉, 〈파이낸셜 타임스〉 등 보수언론들은 자사의 칼럼니스트들이 집필하는 칼럼 외에 네오콘 성향의 필진이 게재하는 'op-ed' 란을 운영해 사실상 자사의 코드에 맞는 싱크탱크에 활동의 장을 제공하고 있다. 신문사 소속 논설위원의 칼럼 반대편에 지면이 배치된 까닭에 흔히 'op-ed' 라고 불리는 이 칼럼난은 대부분 800단어로 제한돼 있지만, 부시 행정부는 물론 세계 각국의 지도자들에게 막대한 영향을 끼친다. 미국 최고의 유력지로 꼽히는 〈뉴욕 타임스〉에는 하루에 수백 건의 외부칼럼이 쇄도한다. 그렇지만 네오콘 싱크탱크들의 글은 항상 수백 대(對) 일의 경쟁을 뚫고 〈뉴욕 타임스〉의 네오콘 성향 칼럼니스트인 윌리엄 새파이어(William Safire)의 칼럼과 나란히 게재된다.

이 'op-ed' 란의 경쟁력은 해당 매체의 영향력에 비례한다. 이 칼럼들을 둘러싼 논쟁은 종종 라디오와 TV 등 다른 미디어들에게까지 파급되기도 한다. 미국 정치의 중심지이자 세계 정치의 중심도시인 워싱턴에서 싱크탱크들의 칼럼이 가장 활발하게 게재되는 신문은 바로 〈워싱턴 포스트〉다. 네오콘 성향의 극우파 논객 찰스 크라우새머가 활동하는 이 신문은 이 도시의 풍문과 험담뿐 아니라, 미 국회의 각종 아젠다를 지면에 반영하고 퍼뜨리는데, 예를 들면 요일별 섹션을 제작할 때 화요일에는 싱크탱크들의 동향과 전술을, 목요일에는 정치 로비단체들의 활동상과 각국의 대사관 동향 등을 다루고 있다. 워싱턴은 하루 24시간 동안 미국의 현재와 미래를 해석하고 전망하는 수많은 정보와 첩보, 전략과 전술이 난무한다. 그런 워싱턴을 움직이는 담론 생산의 정점에서 바로 네오콘 싱크탱크들이 활동하고 있다.

네오콘 싱크탱크 중 언론계에서는 어빙 크리스톨 〈퍼블릭 인터레스트〉 편집인, 노먼 포도레츠 전 〈코멘터리〉 편집장, 찰스 크라우새머 〈워싱턴 포스트〉 칼럼니스트 등이 주요 인물이다. 학계인사로는 『역사의 종말』로 잘 알려진 프랜시스 후쿠야마 존스홉킨스대학 국제

문제고등연구원 원장, 도널드 케이건 예일대학 학장, 『최고사령부』의 저자 엘리엇 코언 존스홉킨스대학 국제문제고등연구원 교수 등이 꼽힌다. 이념과 인간적 유대관계로 촘촘히 짜여 있는 이들의 네트워크는 현재 미국의 어떤 정치세력보다 강력한 영향력을 발휘하고 있다. 특히 9.11 이후, 이들은 예측불허의 '테러' 출몰에 직면한 미국 민주주의 체제의 취약성과 이에 맞선 강한 힘의 대응을 강조하고 있다. 그리고 이라크 전쟁에서 '악의 레짐'의 전복은 얼마든지 가능하다는 점을 보여주었다. 네오콘들의 여론 공세는 마치 나치 괴벨스의 선전전이 그러했던 것처럼 전방위적이고, 자극적이며 동의반복적으로 이뤄진다. 이라크 전쟁에서 얼마나 많은 거짓말들이 대중매체에 동원되었고, 얼마나 많은 양민과 군인들이 학살되었는가.

네오콘들의 선전전은 미국인만을 대상으로 하지 않는다. 실질적으로 이들의 글과 말은 한국의 언론을 통해서도 그 위력을 발휘하고 있다. 예컨대, 찰스 크라우새머가 〈워싱턴 포스트〉에 칼럼을 기고하면, 국내의 언론은 그의 자극적이면서도 황당하기까지 한 의견을 자세하게 소개한다. 뿐만 아니라 대안적인 매체라고 내세우는 인터넷 매체조차 이들의 글을 대서특필하곤 한다. 2005년 북한 핵실험준비설을 둘러싼 미국 네오콘들의 의도적인 정보조작과 이를 왜곡 확대한 국내 언론의 보도 태도는 비록 실패로 끝나긴 했지만, 네오콘들의 담론권력이 얼마나 막강한지 여실히 보여준다.

이철기 교수(동국대)가 북한 핵실험준비설이 끊이지 않던 2005년 4월 25일~5월 24일까지 한 달 동안 국내 신문들의 보도를 분석한 결과, 국내 언론들은 거의 공통적으로 미국 내 강경파들의 언론플레이에 맞장구를 쳐서 '설'을 부풀리고 조작하는 데 앞장선 것으로 지적됐다.[32] 특히 〈뉴욕 타임스〉 인용을 통해 북한 핵실험준비설을 처음 보도한 〈조선일보〉는 정작 〈뉴욕 타임스〉가 자신들이 유력 네오콘을 통해 입수한 북한 핵실험준비설에 대해 정보 조작설을 제기한 그 다음날에도 무려 6꼭지의 기사를 내보내 미국 네오콘의 의도대로 움직여 주었다.

이에 대해 이철기 교수는 한국 언론의 고질적인 문제점이 드러난 사례라며 다음과 같이 지적하였다.

"결국 해프닝으로 끝난 '핵실험준비설'의 보도는 일부 보수신문들의 천박한 안보상업주의가 만들어낸 결과다. 안보상업주의는 결과적으로 미국 강경파들의 의도에 놀아나 위기를 고조시키고 국익을 손상시킨다."

여론 조작에 탁월한 네오콘 싱크탱크들은 앞에서 살펴본 바와 같이 자신들이 소속된 정파의 이익을 위해 철학자들의 사상을 훔치기도 하고, 정보를 조작하기도 한다. 국가 정책에 전략과 철학과 비전을 제시하는 교과서 속의 싱크탱크들이 아니다.

---

32 2005년 6월 9일 한국언론재단 주최 '북한 관련 보도의 문제점과 과제' 토론회 발표 논문.

싱크탱크와 유대인

"(…) 싱크탱크를 최초로 생각해낸 집단은 바로 유대인이다. 평소 세속적인 권위를 신뢰하기는커녕 위험하다고 생각하는 유대인들이 기업을 경영하면서 자신도 모르게 스스로 권력화되는 것을 방지하기 위한 대안으로 권위에 구속받지 않는 싱크탱크를 운영하게 된 것이다. 싱크탱크의 발상은 오래 전부터 유대인에게 내려오는 고유문화를 체계화한 데서 시작되었다. 고대 알렉산드리아에서 활동하던 유대계 상인들은 사업적인 선택을 하기 전에 랍비와 시인, 수학자, 철학자, 화가, 일반 가정주부 및 학생 등과 함께 그 문제를 놓고 토론했다. 그 이유는 간단하다. 두 개의 눈으로 결정하는 것보다 여러 개의 눈으로 결정하는 편이 훨씬 정확하다고 생각했기 때문이다. 장사꾼은 장사꾼의 눈으로만 세상을 구별한다. 하지만 때로는 장사꾼의 눈보다 철학자의 눈이 더 정확한 판단을 가져올 수도 있다. 또는 감성적인 시인의 눈이 더 큰 이득을 가져오는 수도 있다. 돈벌이라는 권력에 의식화된 장사꾼의 눈이 실제로는 돈벌이의 가장 큰 장애였는지도 모를 일이다. 이처럼 사소한 권위마저 인정하지 않는 데서 장사와 별 관계없는 시인이나 화가까지 불러놓고 사업에 필요한 조언을 구하는 유대인 특유의 문화가 발생했고, 이것이 오늘날의 싱크탱크로 이어진 셈이다. (…)"

– 김욱, 『세계를 움직이는 유대인의 모든 것』, 지훈, 2005.

제 2 부

제국과 팍스 아메리카나의 꿈

NEW · MYTHS · OF · ORIENTALISM

1 _ 권력의 발원지, 네오콘 싱크탱크

"이데올로기적, 종교적 열병을 거치고 있는 제3세계는 경제 발전과 민주화의 진척을 향해 나아가고 있다. 그 어떤 세계적 위협이 있더라도 자유의 수호를 위해서 미국의 특별한 활동을 필요로 하지는 않는다. 오늘날 전 지구를 무겁게 짓누르고 있는 유일한 위협은 오직 미국 자체이다."

– 엠마뉘엘 토드[33]

"카우보이라고 비판하지만 미국의 노력은 전 세계적으로 널리 환영받는다."

– 로버트 케이건[34]

부시의 대외정책에 대한 이념적 계보를 한마디로 정의하긴 어렵다. 그의 정책이 어떤 철학이나 이념의 범주 아래 일정한 방향성을 갖고 있는 게 아니기 때문이다. 그의 대외정책에 막대한 영향을 미치는 네오콘들의 이념도 역시 다양한 색깔이 혼재돼 있어 어느 한

33 엠마뉘엘 토드, 『제국의 몰락』, 주경철 옮김, 까치글방, p.253, 2003.
34 로버트 케이건, 『미국 vs 유럽, 갈등에 관한 보고서』(원제 Of Paradise and Power), 홍수원 옮김, 세종연구원, 2003.

카테고리로 분류하기 힘들다. 더욱이 부시의 정책 이념을 구분 지을 수 있는 미국의 대외 군사개입, 대외 시장개방 요구 정도, 또는 국제기구 중시 정도, 핵무기 통제협약 준수 정도 등이 일정한 룰을 갖고 있지 않다.

다만, 분명한 사실은 제2기 부시 행정부의 출범으로 미국의 일방주의적 외교노선이 더욱 강화되고 있다는 점이다. 부시가 미국은 제국이 아니라고 부인했음에도 불구하고, 그를 둘러싼 네오콘 세력은 팍스 아메리카나(Pax Americana)를 노골적으로 지향하고 있다. 팍스 아메리카나의 꿈은 세계 초강대국인 미국이 군사적 힘에 기초해 전 세계에 자유와 민주주의적 가치를 구현하겠다는 의지다. 부시의 외교정책이 지향하는 이념적 지형과 네오콘 싱크탱크들의 세계 지배 전략을 살펴보기로 한다.

부시 정권의 모태는 네오콘 싱크탱크들의 책상머리라는 말이 있다. 미국의 주요 정책이 연구원, 언론인, 정치인, 교수 및 사상가 등 각양각색의 전문가들로 구성된 싱크탱크를 통해 펼쳐지기 때문이다. 특이한 점은 이들은 마치 '회전문(revolving door)'을 넘나들 듯, 서로 다른 분야의 직업들을 연속적으로 이어가면서 '끼리끼리' 만나 사상적 교합(交合)을 시도하면서 최고 결정권자에게 영향을 미치고 있다는 사실이다. 대통령이건, 의회 지도자이건, 또는 국방 및 외교 수장이건 간에, 그가 자신이 몸담고 있는 분야의 최고 결정권자라면 이처럼 정책적 담론을 주도하는 이른바 싱크탱크들을 무시하기 힘들다.

싱크탱크의 사전적 의미는 정책연구소 정도이지만 미국 정치에서 통하는 성격은 훨씬 더 정치 지향적이다. 대부분의 싱크탱크들은 모금 조직, 로비 조직, 정책 분석 · 개발 조직 등을 운용하면서 정당처럼 움직인다. 정치적인 의제를 설정하는 것에서부터 정책 채택과 집행, 상대방에 대한 공격까지 정치적 담론의 모든 곳에 적극 개입한다. 미국은 수백 개의 싱크탱크가 각축을 벌이는 싱크탱크의 천국이기도 하다. 지금 미국의 싱크탱크는 네오콘 세력이 장악하고 있다. 기업의 기부금이 큰 몫을 차지하고 있는 싱크탱크들의 전체 예산 가운데 75퍼센트가량을 우파 싱크탱크가 쓰고 있다.[35] 이들 싱크탱크 가운데 부시 행정부를 움직이는 세 곳을 꼽는다면 헤리티지 재단, 미국기업연구소(AEI), 새로운 미국의 세기를 위한 프로젝트(PNAC) 등이다.

이 가운데 미국기업연구소와 PNAC는 네오콘 이념의 발원지로, 서로 긴밀하게 연결돼 있다. 미국기업연구소 주축인사들이 1997년 출범시킨 PNAC는 네오콘 싱크탱크의 상징과도 같다. PNAC는 다른 보수 싱크탱크와는 달리 네오콘들이 자신들의 의제를 촉진시키기 위해 결집한 일종의 전선조직이다. 윌리엄 크리스톨이 네오콘의 왕세자로 불리게 된 것도 PNAC의 창설과 운영을 주도했기 때문이다. 출범 때 발표한 'PNAC 원칙 선언'에 서명한 사람에는 체니 부통령, 럼스펠드 국방장관, 월포위츠 세계은행총재(전 국방부 부장관), 부시

35 김지석, 『미국을 파국으로 이끄는 세력에 대한 보고서(부시정권과 미국 보수파의 모든 것)』, 교양인, 2004.

의 동생인 젭 부시(Jeb Bush) 플로리다 주지사, 노먼 포도레츠, 댄 퀘일, 프랜시스 후쿠야마 등 부시 행정부의 주요인물과 저명한 네오콘이 모두 포함돼 있다.

PNAC는 설립 이후 대외정책의 변화를 요구하는 주장을 연이어 내놓으면서 클린턴 행정부를 압박했다. 이들은 이라크를 침공해 점령할 것과 이스라엘의 팔레스타인 억압을 무조건적으로 지지할 것을 요구했다. 이들의 주장은 미국 내 시온주의자 조직, 기독교 우파, 언론재벌 우파 등의 열렬한 지지를 받았다. 이들은 또 부시가 대통령이 되자 그에게 보내는 공개편지와 언론기고를 통해 21세기까지 미국의 지배를 확실히 하기 위한 포괄적인 비전을 강요했다. 이들에 따르면 유엔과 국제법은 국제정치의 주요 틀이 아니라 미국의 행동이 정당성을 얻을 수 있는 수단일 뿐이다. 국제법을 포함해 미국의 힘에 제한을 두는 어떤 것도 허용돼서는 안 된다. 이런 주장은 부시 행정부에서 이미 대부분 실행되고 있다.

미국기업연구소는 네오콘의 장기적인 진지나 마찬가지다. 부시가 2008년 11월 대통령직에서 물러나더라도 네오콘의 집결지로 남을 것이다. 1943년 설립된 이 연구소에는 1989년 레이건 대통령이 물러나면서 일자리를 잃은 많은 네오콘 전직관리들이 진을 치기 시작해 1990년대 클린턴 대통령의 집권기 동안 네오콘 운동을 주도했다. 그러다가 부시 행정부가 들어서자 주요한 인력공급원이 되었다.

부시는 2003년 2월 이 연구소에서 행한 연설에서 "나의 행정부에 20명을 보낸 미국 최고 인재 본부"라며 "지난 60년간 이 연구소 학자들은 우리나라와 정부에 결정적으로 기여했다"[36]고 극찬했다. 그는 이날 연설에서 사담 후세인 이라크 정권을 전복시킬 필요가 있다고 처음으로 선언하기도 했다.

헤리티지 재단은 정통 보수세력을 자칭하는 미국 최대의 싱크탱크다. 1973년 설립된 이 재단은 1980년 레이건이 대통령에 당선된 이후 보수 지식인의 주요한 근거지가 됐다. 1970년대 이후 우후죽순처럼 생겨난 싱크탱크의 모델이기도 하다. 이 재단은 한나라당 산하 여의도연구소와도 제휴관계를 맺어 국내 보수 정치인들의 연수 기관으로 환영받기도 한다.

부시에게 전해지는 네오콘 싱크탱크의 보고서는 학술적 이론과 배경을 배제해 그 내용이 간결하고 명쾌한 것으로 알려져 있다. 시간에 쫓기는 그에게 당면 현안에 대한 숙고와 판단의 근거 자료들을 순발력 있게 제시해야 하기 때문이다. 부시의 대외 정책을 알고 싶다면 네오콘 싱크탱크들의 보고서나 소속 연구원들의 글을 구해 읽어야 한다. 그래서 워싱턴에서는 한국을 비롯한 세계 각국의 외교관들과 언론인들이 네오콘 싱크탱크들의 동향을 파악하고자 바삐 움직인다.

부시 집권 이후 싱크탱크들의 무게중심이 후버연구소 등 대학 부설 연구소에서 네오콘 성향의 색깔이 뚜렷한 정치 단체나 정당 산하의 연구기관들로 교체되고 있다. 최근 미국 여론주도층의 보수화는 이들 싱크탱크의 보수적 이념 지형과 밀접한 관계를 갖고 있다.

---

36 〈뉴욕 타임스〉, 2003. 2. 21.

시기별로 싱크탱크들을 구분 짓는다면, 크게 3세대로 나눌 수 있다. 1세대는 진보주의적 사상이 팽배했던 20세기 초에 설립된 '카네기', '브루킹스', '외교관계 협의회(Council on Foreign Relations)' 등의 진보적 연구소들이 주류를 이뤘다. 설립 초기에 전문가 풀(pool)이 풍부했던 이들 연구소는 행정부와 의회에 전문 인력을 파견하고, 연구 성과를 제공했으며, 각종 공공현안에 대해서도 개혁안을 마련해 국민들의 관심을 촉구하고, 때론 국민들을 교육하기도 했다.

2세대는 국제사회에서 미국의 책임이 강조되던 시기에 등장하였다. 이 시기에는 미 연방정부의 역할이 커지면서 전문가적 역량이 많이 요구되었다. 예를 들면, '랜드(Land)'와 같은 연구소는 미 국방성의 조직개편 문제뿐 아니라, 대외 전술-전략 문제들까지 연구하였다.

그 후, 공화당과 보수파 정치인들이 지식인 사회에 열세였던 자신들의 세력을 확대하기 위해 싱크탱크 집단에 관심을 가지면서 싱크탱크가 더욱 정파적으로 분화되기 시작하였다. 이 시기에 설립된 PNAC, 헤리티지 재단 등은 보수주의의 입장을 옹호하는 싱크탱크로서 공화당 정권과 의회를 위한 각종 정책 및 의제를 개발해 최고의 두뇌집단이라는 명성을 날렸다. 3세대에 해당되는 이들 싱크탱크는 특정 현안에 대해 학문적 평가를 내리기보다는 정파의 입장을 옹호하는 정책과 이론을 개발하는 데 역점을 두고 있다.

부시 집권과 함께 네오콘 성향의 싱크탱크들이 득세하는 양상은 연구과제의 돈줄이 우파 성향의 기업인들이라는 점과 관련이 깊다.

싱크탱크 1세대는 대개 객관적인 관점에서, 정부의 정책 결정 과정에 직접적으로 개입하기보다는 결정권자 및 국민들의 선택에 정당성을 주기 위한 이론적 배경과 판단자료를 제공하는 데 주력했다. 예컨대, 이 시기에 설립된 대표적 싱크탱크인 브루킹스는 뉴딜시대에는 오른쪽으로, 1960년대와 1970년대에는 왼쪽으로 기울었으며, 때때로 이론적 배경에 치중한 나머지 결정권자가 거의 읽을 수 없을 만큼의 두터운 저서들을 발간하기도 한다. 이와 반대로, 3세대의 헤리티지 재단과 PNAC는 상원과 하원 등의 의사 결정에 즉각적인 충격을 가하는 것을 목표로, 가급적 짧고 명료한 보고서들을 내놓는다. 비판론자들은 싱크탱크들과 학문기관 사이의 경계가 모호하듯이, 싱크탱크와 로비 압력단체의 경계도 애매하다고 지적하기도 한다. 실제로 미국의 이라크 공격이 당초 부시가 내세운 '자유와 민주주의의 확산'이라는 명분과는 달리 군산복합체(military-industrial complex)와 석유재벌들의 이익을 위한 부도덕한 전쟁이라고 비판을 받는 것은 네오콘들 상당수가 군산복합체에 우호적인 인사들이기 때문이다.

2 _ 제국의 길로 향하는 부시와 네오콘

"생사를 좌우하는 힘이여, 뽐내지 말라. 그들은 자신들이 느끼는 그 공포로 그대를 위협할 것이다."

– 루시우스 세네카

많은 학자들이 나름대로의 규칙에 의거해 조지 W. 부시와 그의 싱크탱크들에 대해 '강경파'와 '온건파', '윌슨주의파'와 '현실주의파' 등과 같은 유형화를 시도해 보지만, 그 구분이 모호한 것은 바로 그들이 잡다한 이념과 사상이 혼재된 제국주의를 추구하고 있기 때문이다. 한 시대의 정치집단을 유형화하기 위해선 오랜 기간 다양한 영역에서 그들이 활동해 온 경험과 이력을 종합적으로 평가해야 한다. 이제부터는 부시와 네오콘 세력의 정치 이념이 어떤 경로를 통해 제국주의적 경향으로 바뀌었는지 보기로 한다.

루스벨트의 팔짱을 끼고 윌슨을 껴안다

미국 외교정책의 특징을 유형화하기 위한 전통적 출발점의 하나는 윌슨주의와 현실주의의 고전적인 구별이다. 이 같은 작업의 대표적인 선각자는 헨리 키신저(Henry Kissinger)다. 미국의 리처드 닉슨(Richard Nixon)과 제럴드 포드(Gerald Ford) 대통령 당시 안보보좌관(1969~1975)과 국무장관(1973~1976)을 지낸 그는 국제관계의 이론가이자 책임자로 명성을 날렸다. 그는 1996년 저서 『외교(Diplomacy)』에서 미국의 미래 청사진을 위해 상반된 비전을 구현하려던 루스벨트와 윌슨의 차이를 이렇게 설명한다.[37]

"루스벨트는 미 정부가 국제적 역할을 수행해야 하는 것은 미국민의 이익을 위해서이며, 국가의 힘이 없으면 세계의 균형을 이뤄낼 수 없다고 말했다. (…) 그는 미국이 다른 국가들처럼 강대국이지만, 선의 유일한 화신은 아니라는 점을 알고 있었다. 그는 미국의 이익이 다른 국가들의 그것과 상충될 때, 힘에 의지해야 한다고 생각했다. (…) 반면에 윌슨은 미국에 메시아적 사명과 역할을 부여했다. 세력균형을 위해 일해야 하는 것도 미국이 할 일이며, 민주주의적 가치를 전 세계에 널리 알리는 것도 미국의 책임이라는 것이다. (…) 윌슨의 사상으로부터 탄생된 국제연합(UN)은 단순한 동맹체가 아니라, 집단 안보를 통해 평화를 지키는 것을 목표로 삼았다. 비록 윌슨이 자국인 미국에서 자신의 사상을 제대로 설파하지는 못했지만, 국제무대에서 그의 사상은 오래 지속되었다. 오늘날 국제사회의 지도자적 국가가 된 미국에 각별한 의미를 부여한

37 Henry Kissinger, *Diplomacy*(Payard, Paris, 1996).

것은 바로 윌슨의 이상주의였다. 오늘날에도 그의 사상은 미국에 여전히 영감을 주고 있다. (…) 한편 루스벨트는 국제법의 효용성을 부정하였다. 한 국가가 자국 스스로의 힘으로 지켜낼 수 없는 것은 국제사회에 의해서도 보호될 수 없다는 게 그의 시각이었다. 그는 군비축소에 대해 국제사회의 역할을 회의적으로 인식한 탓에 거부 입장을 밝혔다. 루스벨트는 여전히 세계 정부의 수립에 대해 가차 없는 부정적 입장을 표명하였다. (…) 그런데 루스벨트의 이 같은 정책 기조는 1919년 그의 죽음과 함께 사그라졌다. 그 후 미국 학계는 그의 견해를 비중 있게 다루지 않았다. 심지어, 루스벨트의 사상으로부터 대외정책의 영감을 받았던 리처드 닉슨 전 대통령마저도 나중에는 '윌슨의 국제주의를 신봉한다'며 입장을 바꿨으며, 자신의 집무실에 윌슨의 초상화를 내걸었다. 이는 윌슨주의의 지적 승리를 의미한 셈이다."

미국의 대외정책과 관련해 윌슨의 이상주의와 루스벨트의 현실주의가 상충하는 긴박감은 지금 이 순간에도 계속되고 있다. 사실, 미국 학계가 루스벨트를 외면해 왔다는 키신저의 발언은 착오에서 비롯되었다. 부시 대통령을 포함한 미국의 역대 지도자들은 '현실정치(Realpolitik)'를 정책 이념으로 개념화하고, 구체화하려 하였다. 미국이 공식적으로는 윌슨주의의 대의를 강조하지만 실제로는 곧잘 '힘의 균형'이라는 고전적 개념을 추구하는 것이 사실이다. 루스벨트의 사촌동생이면서 윌슨의 영향을 받은 프랭클린 루스벨트는 이상주의적인 UN의 설립을 주도하면서, 이상주의적인 '4대 자유'[38]와 현실주의적인 '4대 경찰국'[39] 을 동시에 주창함으로써 미국의 이익을 우선시하는 선린정책을 추구하였고, 지금까지 이 전통은 지속되고 있다.

닉슨은 자신의 집무실에 이상주의자 윌슨의 초상화를 걸었지만, 임기 중 중국과의 외교관계를 개선하는 데 현실주의 입장을 많이 취했다. 현실주의는 상황에 따라 변하는 개념이다. 쉽게 말하자면, 현실주의는 사물을 있는 그대로 직시하는 태도를 의미한다. 즉, 다양한 세계사적 문제에 대해 "반드시 그래야 한다"고 여기는 이상주의와는 대조적이다. 사실, 학계에서는 현실주의가 국제관계의 지배적인 이론이다. 투키디데스(Thucydide, 기원전 약 456~397), 마키아벨리(Machiavelli, 1469~1527)와 한스 모르겐소(Hans Morgenthau, 1904~1980), 레이몽 아롱(Raymond Aron, 1905~1983)과 케네스 왈츠(Kenneth Waltz)가 이론적 토대를 제시한 이 지배적 경향은 몇 가지 간단한 가정에 근거하고 있다.[40]: '국제체제는 본질상 무정부적이

---

38 루스벨트 전 미국 대통령은 지난 1941년 연설에서 '표현의 자유', '신앙의 자유', '결핍으로부터의 자유', '공포로부터의 자유' 등 4대 자유를 주창하였다. 루스벨트의 '4대 자유론' 은 자국 여야 지도자들뿐 아니라 세계 각국의 지도자들에게 유엔이 필요하다는 점을 확신시켰다는 평을 듣고 있다. 루스벨트연구소는 지난 1982년부터 이를 기념해 매년 '4대 자유상' 을 시상하고 있다. 루스벨트 4대 자유상 시상식은 루스벨트 전 대통령 부부가 살던 뉴욕 하이드 파크의 집과 루스벨트 가문의 고향인 미델부르흐에서 교대로 열린다.

39 각 지역의 질서를 조정할 수 있도록 위임받은 미국, 영국, 러시아, 중국.

40 Robert Cox, "Social Forces, States and World orders: Beyond International Relation Theory", in Robert Keohane(ed.), *Neorealism and Its Critics*(New York: Columbia University Press, 1986) / 다음의 번역문을 참조하라. 로버트 콕스, 〈사회세력, 국가, 세계질서: 국제관계이론을 넘어〉, 『국제관계론 강의 2』, 박건영 옮김, 한울아카데미, p.457, 1997.

며, 아무리 (유엔과 같은) 초국가적인 최고기구가 있을지라도 한 국가의 독립적인 법과 질서를 대신할 수는 없다. 따라서 현실주의적 시각에서는 세력 균형과 힘, 동맹관계의 개념들이 중요하다. 거의 모든 국가들이 자국의 안전을 지키고 싶어 하기 때문이다.'

현실주의적 사상을 유형별로 보면, 우선 국가간 힘의 불균등 성장이 국제관계의 동력을 이룬다는 이른바 '패권전쟁이론'의 창시자인 투키디데스[41]가 영감을 주고 모르겐소가 체계화한 '전통적 현실주의', 왈츠가 이를 비판 · 수정한 '신현실주의(neorealism)', 또는 '구조적 현실주의(structural realism)'를 들 수 있다.[42]

1940년 제2차 세계대전의 파국과 전후 새로운 강대국인 미국과 소련을 중심으로 전개된 냉전체계를 배경으로, 국제관계 연구 방향은 2차대전 이전 압도적이었던 국제적 수준의 제도적 · 도덕적 · 법률적 노력에 바탕을 둔 이상주의에서 힘을 중심으로 한 현실주의로 기울게 되었다. 모르겐소는 인간의 이기심이 바탕을 이루는 객관적 법칙으로서 현실주의를 제시하며, "국제정치는 다른 정치처럼 힘을 둘러싼 투쟁이다. 국제정치의 궁극적 목적이 무엇이든지, 힘은 항상

---

41 Thucydides, *The Peloponnesian War*, trans. by John H. Finley, Jr.(New York,1951), pp.14~15. 투키디데스는 스파르타와 아테네 사이에 일어났던 대전쟁(大戰爭) 역사의 서문에서 "나는 미래의 해석에 도움을 얻으려고 과거에 대한 정확한 지식을 갈망하는 탐구자들을 상대로 이 책을 썼다. 미래란 과거를 그대로 반영하지 않을지는 몰라도 과거와 닮기 마련이기 때문이다. (…) 요컨대 나는 이 책을 순간적인 찬사를 받는 에세이로서가 아니라 '모든 시대의 재산'이 되도록 썼다"고 밝혔다. 그가 말한 '모든 시대의 재산'은 오늘날 근본적이고 변하지 않는 국제관계의 본질을 의미하는 것이다.

42 Robert Cox, 같은 책, p.457.

즉각적인 목적이다"고 주장했다.[43] 이어 등장한 왈츠의 신현실주의는 국제정치가 인간 본성에 바탕을 두고 있다는 모르겐소의 견해가 아니라 세계정치가 무정부 상태라는 견해에서 출발한다. 이른바 '구조적 현실주의'라고 불리는 그의 신현실주의는 비록 비국가행위자들이 국제정치에 어느 정도 영향을 미칠지라도 중요 단위는 여전히 국가이고, 특히 국제체계의 구조는 주요 국가들의 상호작용에 의해 결정된다는 논리다.[44] 즉, 국가들의 상호작용 속에 이뤄지는 힘의 균형은 강대국들 사이의 균형을 뜻한다.

테오도르 루스벨트(Theodore Roosevelt)와 헨리 키신저, 즈비그뉴 브레진스키(Zbigniew Brzezinski), 그리고 요즘의 브렌트 스코우크로프트(Brent Scowcroft)와 같은 현실주의자들은 수정주의의 혼란성을 비난하고, 국제체제의 균형과 현상 유지를 선호한다. 이른바 '관리적 보수주의'라고 일컬어지는 이 현실주의자들은 정치적 지형으로 보면, 사실 보수주의자들이거나 공화당원들이라고 할 수 있다. 그런데 모든 보수주의자들에 대해 '현실주의자'라고 단정할 수는 없다. 왜냐하면 이들 가운데 팻 부캐넌 같은 사람들은 20세기 전반기의 고립주의적 전통에 집착하고 있으며, 레이건 전 대통령과 폴 월포위츠 같은 이들은 민주주의의 신장 등 미국의 사명을 강조함으로써 윌슨주의를 자신들의 이념에 반영하였기 때문이다.

43 Hans Morgenthau, *Politics and Nations*(New York, Afred A. Knopt, 1974), pp. 4~15.
44 Kenneth Waltz, *Theory of International Politics*(New York, McGraw Hill, 1979).

한편 윌슨주의는 어떠한가? 미국 대통령으로서는 유일하게 자신의 이름을 정치적 이념 용어로 남긴 우드로우 윌슨(Woodrow Wilson)의 사상은 제2차 세계대전 직후 국제정치에 '자유주의적 국제주의' 라는 이름으로 채택되었다. 이 자유주의적 사상은 존 로크(John Locke), 애덤 스미스(Adam Smith), 나아가 자유주의적 영구 평화연방국가를 주창한 독일 철학자 에마뉴엘 칸트(Emmanuel Kant)의 철학으로부터 영향을 받았다.[45]

1930년대의 경제적 실패를 겪은 '자유주의적 국제주의자들' 은 그 후 동서 냉전기를 거치면서 윌슨주의에 흠뻑 빠져들었다. 바로 그 무렵, 공산주의와 맞서 싸우기 위한 군사적 힘이 필요했던 것이다. 해리 트루먼(Harry Truman), 조지 마샬(George Marshall), 딘 애치슨(Dean Acheson) 등은 결코 이상주의의 함정에 빠지지 않으면서 베를린 위기를 비롯, 나토(NATO) 통합군 창설, 한국전쟁 수행 등 대외 안보정책에서 미국의 힘을 발휘하고자 했다. 또한 관세장벽 철폐를 통한 시장개방, 민주주의 고취 및 국민 자결권 발전 등 미국 자신의 장기적 목표 실현에도 관심을 쏟았다.

1970년대와 1980년대를 거치는 동안, 유엔 총회에서 다수결의의 원칙이라는 이름 아래 반미전선이 구축되자 보수주의 진영이 윌슨주의적 색채를 띤 국제기구의 정책이나 다자주의적인 정책들을 집중적으로 비판하고 나섰다. 특히 솔트(Salt) I, II와 ABM과 같은 군축

45 Michael Doyle, "Liberalism and World Politics", *American Political Science Review*, vol.80, no.4, pp.1151~1169. / 다음의 번역문을 참조하라. 〈자유주의와 세계정치〉, 『국제관계론 강의 1』, 김태현 옮김, 한울아카데미, p.449, 1997.

조약들은 보수주의자들로부터 적들의 농단에 속은 실패작이라는 비판을 받았다.

베트남 전쟁은 미국의 대외정책을 새롭게 구분 짓는 계기가 되었다. 베트남 전쟁의 종식을 주장하는 국제주의적 자유주의자들은 '비둘기파'로 인식된 반면, 끝까지 전쟁을 치르고자 한 세력은 '매파'로 분류되었다. 그 후 '비둘기파'와 '매파'는 미국의 대외정책 무대에서 널리 사용되었다. 즉, '매파'는 구소련에 대해 극단적인 불신과 대립을 드러내는 보수 우파, 신보수주의자(현 네오콘에 영향을 미친 선배격 보수주의자), 레이건주의자 등 강경파들을 가리킨 반면, '비둘기파'는 동서 대립의 완화와 조절 등 평화 공존적 정책을 선호하는 좌파, 카터 행정부의 핵심세력 등 온건파를 일컫는 말이 되었다.

베트남 전쟁을 전후해 퇴출의 갈림길에 처했던 고전적 윌슨주의는 조지 부시 1세(1989~1992)를 거쳐 클린턴 행정부 때 비록 수사적이긴 하지만 잠깐이나마 회복세를 보였다. 클린턴은 대외정책에서 '실용주의적 윌슨주의', 즉 '일정한 다자주의'를 추구하길 원했다. 하지만 이 같은 윌슨주의의 기미는 1990년대 후반 들어 공화당의 의회 장악과 함께 급부상한 일방주의의 도전 앞에 꺾이기 시작하였다. 클린턴은 1996년 안소니 레이크에서 열린 미국의 국가안보회의(NSC)에서 행한 '민주주의 확산을 위한 국가적 전략'이라는 주제의 연설에서 '고전적 윌슨주의'의 색채를 내비쳤다.

"만일 외부 세계에 대한 우리의 적극적인 리더십과 개입이 없다면, 위협 요인들의 악화로 인해 우리의 설 땅은 그만큼 줄어들 것이다. 우리는 (윌슨주의적 가치를 중시한) 1940년대 말 선배들이 강조한 것처럼, 창조적이며 건설적인 자세를 취할 것이다. 이 새로운 세계는 온갖 위기를 안고 있지만, 반면에 우리에게 엄청난 기회를 제공한다. 미국과 세계의 미래를 위해 경제성장을 확고히 하고 안보를 굳건히 하는 데 도움이 될 국제제도들을 채택하고 추진해야 한다. (…) 우리는 민주주의 국가가 많으면 많을수록 우리의 상황뿐 아니라, 국제사회의 상황 역시 크게 좋아질 것으로 믿는다. 민주주의 체제는 경제적 기회를 크게 배가하는 자유시장을 창조하고, 더욱 안정적인 무역 파트너를 확보하게 하며, 더욱이 서로 다른 체제들 간의 전쟁 가능성을 크게 줄여줄 것이다. (…) 우리가 개방되고 자유로운 사회의 범위를 확대하기 위해 갖은 노력을 하는 것은 우리 자신의 이익을 위해서다. (…) 우리는 외국의 민주주의를 증진시키도록 노력해야 한다. (…)"

– 백악관, 1996년 2월

실제로, 우드로우 윌슨은 대통령의 권한을 수행하는 과정에서 민주주의적 가치를 위해 부분적으로 힘을 사용할 줄 알았다. 윌슨의 재임 당시, 중남미나 필리핀에 대한 군사개입이 종종 애매모호하게 이뤄지기도 하였다. 그렇다면 그는 왜 군사력에 의존하려 했는가? 윌슨은 국제관계의 불안정을 집단적 위기관리라는 메시아니즘(messianism)으로 해결하려는 야망을 갖고 있었다. 이 점에서 레이건과 그의 보수주의적 싱크탱크들은 물론, 월포위츠와 리처드 펄(Richard Perle)과 같은 최근의 부시 2세 행정부의 주요 인물들은 전통적 윌슨주의의 특성을 공유한다. 이들은 외국으로의 민주주의 확산이 미국의 안보와 이상을 동시에 실현해줄 것이라고 믿고 있다. 그러나 이들이 유엔(UN) 같은 초국가적 기구를 통해 국제질서가 재편된다는 믿음을 공유한 것은 아니었다. 또한 이들은 윌슨주의가 함의하는 이상주의와 이타주의를 공유하고 있지도 않다.

그렇지만 대외관계위원회 국가안보연구실의 선임연구원인 막스 부트(Max Boot)는 "부시가 네오콘의 대외정책만을 추구하고 있다는 세간의 평가가 맞지 않다"며 "행정부 내 일부 참모는 자유주의적 국제주의자도 있다."고 주장하였다.[46]

앞서 부트는 부시 정권의 출범 이듬해 〈월스트리트 저널〉(2002. 7. 1)에 '조지 W. 부시: W는 우드로우(Woodrow)로부터 나온다'는 제목의 글에서 부시가 윌슨의 국제주의 경향을 띨 것이라고 전망한 바 있다.

> "(…) 한편 대외정책 전문가들은 부시의 아들인 부시 2세가 대통령에 오르자, 한동안 그가 어느 방향으로 향할지 예측하기가 어려웠다. 다만, 부시 2세의 대외정책 보좌진은 엘리엇 에이브럼스(Elliott Abrams)와 월포위츠와 같은 순수 윌슨주의자들인 동시에 콜린 파월과 콘돌리자 라이스와 같은 순수 현실주의자들로 구성되었다. 초창기에 부시 행정부는 현실주의적 입장을 견지, 국제사회에서 미국의 역할을 조심스럽게 삼갔다. 그는 '우리는 더욱 겸손할 필요가 있고, 조금 야망을 줄일 필요가 있다'고 말했다.

---

46 『부시 재집권과 미국의 분열(2004년 미국 대통령선거)』, 미국정치연구회, 오름, 2005.

물론, 부시 2세가 항상 겸손한 자세를 보인 것은 아니다. 그가 재임 중 행한 연설에서는 종종 미국의 사명이 강조되곤 한다. '자유의 필요성은 아프리카와 중남미, 그리고 특히 이슬람 세계에 모두 적용된다. 이슬람국가의 국민들은 다른 국가들의 국민들처럼 자유와 기회를 원하고 있고, 그것들을 향유할 자격이 있다. 그리고 그들의 정부는 그들의 희망을 듣도록 해야 한다.' 물론, 그는 다음과 같은 신중한 입장을 부연하기도 했다. 미국은 이 같은 비전을 강요할 수는 없지만, 자국민들을 위해 좋은 선택을 하는 국가들을 지원하고 보상할 수 있다."

조지 W. 부시의 백악관에서도 이같이 양분되는 현실주의자들과 '우익 편향의 윌슨주의자들'[47] 간의 대립은 1960년대와 1970년대로 거슬러 올라간다. 2차 세계대전을 전후해 미국의 국내정치에서 케인스주의식 복지국가 모델을 지향했던 자유주의적 중도파들은 자신들의 정책을 추진하는 데 있어 연방정부의 재정난으로 인해 어려움을 겪었다. 이 기간 중 공화당 쪽에서는 보수주의적 운동이 일어난 반면(로널드 레이건과 뉴 깅리치 시절에 정점을 이룸), 민주당은 국민적 지지를 받는 데 실패하면서 분열을 거듭하였다. 대부분의 유권자들, 특히 백인들과 농촌 및 중소도시 출신의 전통적인 지지층까지도 민주당이 추진했던 소수파들을 위한 '할당정책'을 반대하였다. 진보적 성향의 자유주의적 입장을 강하게 대변했던 조지 맥거번은 1972년 대선 캠

47 이들은 때때로 신보수주의자들 또는 '레이건주의자들'이라고도 불린다.

페인에서 여성들과 소수자들, 청년들의 지지를 받았으나 보수화한 사회분위기를 넘지는 못했다.[48] 이어 민주당 내부에서는 베트남 전쟁을 둘러싼 대외정책과 관련해 분란이 촉발되었다. 베트남전에 반대하던 맥거번과 그의 측근들은 군비 예산의 삭감을 주장한 반면, 중립적인 일부 소수파는 트루먼(Truman), 케네디(Kennedy)와 존슨(Johnson)의 봉쇄정책 전통이 지속적으로 추진되길 원하였다. 또한 베트남에 대한 봉쇄정책을 주장한 민주당 인사들은 베트남 전쟁에 대해 강경한 입장을 표명한 상원의원인 헨리 스쿠프 잭슨(Henry Scoop Jackson)을 지지했다.[49] 잭슨의 이름을 따 '잭슨파 민주당원들' 이라고 불린 그들은 '뉴딜' 방식을 통한 국가의 개입을 선호한 노동조합에게서 지지를 받은 '매파' 로서, 공산주의를 반대하는 비타협적인 태도를 보였다. 그들은 민주주의적 가치들을 중시하였다.

시간이 흐르면서 이 '잭슨파 민주당원들' 은 강경 우파의 보수주의자들인 다른 매파 그룹과 뜻을 같이 했다. 그들은 공동의 적을 발견한 것이다. 예컨대, 닉슨과 키신저에 의해 실행된 구소련과의 데탕트라는 현실주의적 정책과, 그 뒤 공산주의에 대해 지나치게 연약하고 평화적이었던 것으로 평가된 카터의 정책이 그들의 공공의 적이었다. 잭슨파 민주당원들과 강경우파 보수주의자들의 융합은 대외정책이 주로 신보수주의자들에 의해 입안되고 추진된 레이건 정권 시절 아래 두드러졌다. 여기에는 카터의 지나친 유화정책을 더 이상

48 딕 모리스, 『파워게임의 법칙』, 홍수원 옮김, 세종서적, pp. 240~244, 2003.
49 에릭 프라이, 『정복의 역사, USA』, 추기옥 옮김, 들녘, p. 496, 2004.

받아들이지 않으려는 민주당 변절자들이 상당수 포함돼 있었다. 진 커크패트릭(Jeane Kirkpatrick), 유진 로스토우(Eugene Rostow), 케네스 아델만(Kenneth Adelman), 러처드 펄(Richard Perle), 막스 캄펠만(Max Kampelman), 엘리엇 에이브럼스(Elliott Abrams) 등이 대표적인 전향자들이다.

공화당 진영에서는 경제적 영역과 국내 정치영역에서 균열이 생겼는데, 즉 '현실정치'에 정통한 '중도파적 관리인들'과 공산주의에 아주 반대하는 관념적이며 국수주의적인 강경 우파가 대립한 것이다. 전자는 토론과 외교 행위를 통해 현상유지적인 입장을 견지한 반면, 후자는 일방주의와 강한 국방력, 심지어 무기를 앞세운 민주주의적 가치의 신장을 주장하며, 특히 전자의 현실주의적 정책에 대해 그 부도덕성을 지적하였다. 국수주의적인 우익의 눈에 키신저는 미국의 도덕적 가치를 벗어 던진 유럽인에 불과했던 셈이다.

강경 우파 진영의 불만은 닉슨, 포드와 특히 키신저에 의해 추진된 데탕트 정책들에서 표출되었다. 민주당 출신으로 전향한 신보수주의자들, 즉 네오콘들의 지지를 받은 강경 우파는 구소련과 싸우지도 않고 자꾸 협상하려는 듯한 이 같은 현상유지적인 비도덕성을 공격했다. 1976년 공화당 출신의 우파와 네오콘들은 포드와 키신저, 심지어 조지 부시 1세의 현실주의 정책들에 이의를 제기했다. 이처럼 강경 우파의 보수주의자들과 네오콘들은 '현실주의 정책'의 관리자들을 집요하게 물고 늘어진다.

강경 우파와 현실주의 진영 간의 대립은 레이건 행정부에서도 치열하게 전개되었다. 진 커크패트릭과 알렉산더 헤이그(Alexander

Haig), 그리고 리처드 펄과 조지 슐츠(George Shultz) 사이의 대립이 두드러졌다. 조지 부시 1세가 등용한 현실주의자들은 딕 체니(Dick Cheney), 폴 월포위츠(Paul Wolfowitz) 등 강경파들과 긴장 관계를 가졌다. 이들 현실주의자들은 브렌트 스코우크로프트(Brent Scowcroft), 제임스 베이커(James Baker), 리처드 하스(Richard Hass) 등이다.

이 같은 두 진영의 마찰은 1990년대에 공화당의 지도력에 흠집을 냈으나 부시 2세에도 재현되고 있다. 현실주의 진영에는 부시 행정부 2기 출범과 함께 옷을 벗은 콜린 파월(Collin Powell) 전 국무장관(그는 네오콘들의 주요 과녁이었다)[50]을 비롯, 그의 후임자 콘돌리자 라이스와 리처드 하스 외교협회 회장 등이 있는 반면, 매파인 네오콘 진영에는 도널드 럼스펠드, 폴 월포위츠, 딕 체니와 리처드 펄 등이 포진해 있다.

헤게모니적 일방주의로

미국의 대외정책을 둘러싸고, 헤게모니를 지향하는 네오콘들은 일방주의를 선호한다. 그들은 유엔과 같은 국제기구의 범주 안이나, 최소한 자국 우방들과의 협력 속에서 행동하길 원하는 다자주의적인 자

50 Cf. 로버트 케이건(Robert Kagan), 'The problem with Powell', 〈워싱턴 포스트〉, 2000. 7. 23.

유주의자와 다자주의의 유혹에 빠지는 현실주의자를 증오한다. 자유주의자들은 클린턴의 예에서 볼 수 있듯이, 범지구촌적 문제에 대해 국제기구와 같은 집단적 관리 체제를 중시한다. 현실주의자들 역시 체계적인 협력적 외교를 갈구하지는 않지만, 때로는 다자주의가 국가 이익을 가져다주는 유용한 도구라고 여긴다. 조지 부시 1세가 1990~1991년 주창한 '신세계질서(new world order)'[51]가 그 한 예다.

그러나 헤게모니적인 네오콘 진영은 다자주의를 미국의 주권과 자유에 대한 훼손이라고 비판한다. 이 같은 태도는 1960~1970년대에 유엔 등 국제기구들에서 자주 행해진 제3세계 국가들의 '다수결의의 횡포'로 거슬러 올라간다. 당시 유엔 총회는 제3세계 공산권 국가들이 반미주의를 부르짖는 장소였다. 국제기구들에 대한 미국의 불신은 새롭게 유럽연합(EU)의 공동체적 전통을 쌓아가고 있던 프랑스 등 유럽 국가들과 마찰을 초래했다.

동서 냉전의 말기에 미국의 개입정책을 둘러싸고, 각 싱크탱크 진영들 간의 갈등과 마찰이 불거졌다. 특히 구 유고슬라비아(보스니아, 이후에는 코소보)에 대한 미국의 개입 또는 불개입의 문제를 놓고, 상이한 진영들이 헤쳐모이는 양상을 보였다. 윌슨주의자들과 헤게모니적 네오콘들은 군사 개입을 주장한 반면, 민주당과 공화당의 현실주

51 미국의 전통적인 패권주의 사고를 지닌 조지 부시 1세는 레이건의 정책을 견지하면서 미국 중심의 세계질서를 창출하기 위해 '신세계질서'를 주창했다. 그의 신세계질서는 미국이 유일한 초강대국으로서 단극 구조하의 다자간 협력체계를 형성하는 것이 골자였다. 부시가 개전한 걸프전은 미국의 주도 아래 소련의 협력과 유엔의 결의를 거친 다자간 협력 전쟁이었던 셈이다.

의자들은 부시 정부의 제임스 베이컨 전 국무장관의 주장처럼 "우리는 그 일과 상관없다(We don't have a dog in that fight)"고 발언했다.[52]

보수 월간지 〈코멘터리〉의 주필이며 네오콘의 창시자라 할 노먼 포도레츠(Norman Podhoretz)는 1999년 코소보에 대한 미군의 개입에 대해서 소극적이었던 공화당의 현실주의자들에 대해 "매파는 더 이상 매파가 아니고, 비둘기파가 매파가 되었다."[53]고 비판했다. 미국 사회질서와 미국 자본주의를 지탱하는 근본적인 원리는 도덕과 사명감이며, 이는 국내뿐 아니라 국제사회에서도 중요한 덕목으로 실현되어야 한다는 것이 그의 주장이었다.

지금까지의 논의들을 바탕으로 대외정책에 대한 미국인들의 입장을 도식화하면 두 가지 축으로 나눠볼 수 있다. 한 가지 축은 어떤 이들의 경우 미국에 주어진 어떤 사명감 같은 것을 확신하고 있고, 또 어떤 이들은 이와 반대로 미국이 엄격히 경계지어진 자국의 이익에 충실해야 하는, 이를테면 여타 국가와 다름없는 국가라고 여기고 있다는 점이다. 다른 한 축은, 어떤 이들은 미국이 다원주의를 신봉해

52 제임스 베이커는 1989~1992년 조지 부시 1세 대통령 아래에서 국무장관을 지낸 동안, 특히 1991년 걸프전쟁 당시 미국에 대한 국제사회의 지지를 이끌어내는 역할을 담당했다. 또 2000년 대선 재검토 파동 때 플로리다주 공화당 대책본부장으로 대응전략을 지휘하면서 부시 현대통령을 미국의 43대 대통령으로 만든 주역이며, 부시의 재선에도 적지 않게 기여했다. 현실주의자인 베이커와의 관계에 비춰 향후 부시의 대외정책이 유화적으로 바뀔 것으로 내다보는 시각도 없지 않으나, 여전히 네오콘 강경파들의 입김이 거센 것으로 관측되고 있다.

53 Norman Podhoretz, "Pour une diplomatie neo-reaganienne", *Politique internationale*, n° 89, automne, 2000.

다른 국가들과 협력해야 한다고 강조하는 반면, 일방주의자와 같은 이들은 미국이 홀로 행동하길 원한다는 점이다. 이 두 가지 축을 교차시키면, 키신저의 현실주의자들과 부시의 네오콘들 사이의 간극처럼 4가지의 서로 다른 입장이 두드러지게 나타난다(표 참조).

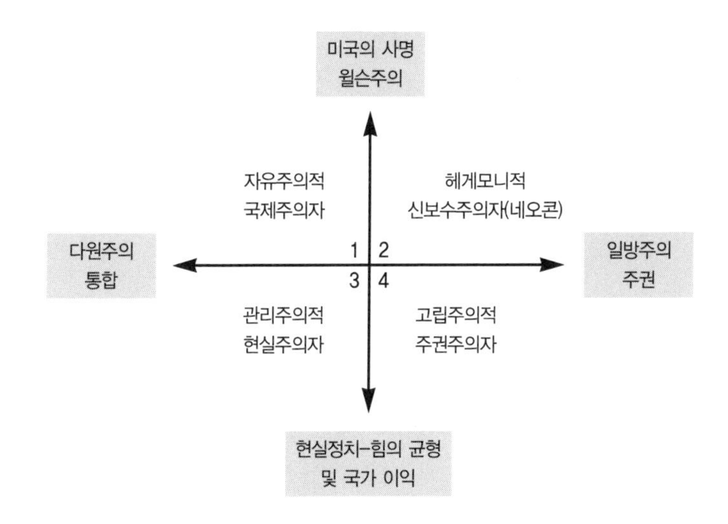

다양한 정치세력들의 견해를 하나의 카테고리로 규정짓는 것이 다소 위험하지만, 적어도 그들의 주의 주장을 토대로 구분짓는다면 현재 미국의 대외정치를 쥐락펴락하는 폴 월포위츠와 로버트 케이건, 윌리엄 크리스톨 등은 윌슨의 국제주의와 일방주의를 결합한 헤게모니적 신보수주의, 일명 네오콘(2)이라고 말할 수 있다. 또 조지프 나이와 로버트 커해인[54], 찰스 윌리엄 메인스(Charles Williams Maynes) 등은 자유주의적 국제주의자(1), 헨리 키신저와 즈비뉴 브

레진스키 등은 관리주의적 현실주의자(3), 제시 헬름스(Jesse Helms)[55]와 팻 부캐넌 등은 미국의 주권을 최우선시하는 고립주의자(4)로 각각 구분지을 수 있을 것이다.

하지만 이는 어디까지나 외형적인 구분일 뿐이다. 실제로, 네오콘 세력 중에는 클린턴의 현실주의를 증오하면서도 루스벨트의 제국주의적 현실주의를 찬미하는가 하면, 윌슨의 국제주의를 인정하면서도 그의 이상주의에 대해서는 현실성이 없다고 비난하는 사람도 있다. 문제는 루스벨트나 윌슨이나 모두 제국주의자였다는 사실이다. 네오콘과 네오콘 성향의 보수 싱크탱크, 그리고 이들의 전폭적 지지를 받고 있는 부시 대통령의 본질은 '팍스 아메리카나'의 버전업이다.

---

54 조지프 나이와 로버트 커해인은 1977년 공저를 통해 자신들의 자유주의적 국제주의의 시각을 담은 '복합 상호의존' 모델을 제시했다. 그런데 그들은 '복합 상호의존' 모델이 현실주의 모델을 대체하고자 하는 것이 아니라, 오히려 세계정치의 차원과 문제 영역에 따라서 복합 상호의존 모델과 현실주의 모델을 선별적으로 적용할 수 있다는 차별화된 접근을 강조하였다. 그들의 이러한 논의는 특히 커해인에 의해서 신자유주의적 시각으로 발전되어 갔다.
Robert Keohane and Jeseph Nye, "Realism and Complex Interdependence", *Power and Interdependence: World Politics in Transition*(Boston: Little, Brown and Company, 1977), ch.2. / 다음의 번역문을 참조하라. 로버트 커해인, 조지프 나이, 〈현실주의와 복합이론〉, 『국제관계론 강의 1』, 김태현 옮김, 한울아카데미, 1997, pp.391~393.

55 전 공화당 상원으로 미의회내 대표적 보수강경파. 그는 그동안 상원 외교위원회 등에서 활동해 오며 쿠바와의 교역을 금지하는 '헬름스-버튼' 법안을 입안하는 등 국익을 앞세운 보수주의 외교정책을 주창해 왔다. 또 유엔 같은 국제기구의 역할에 의문을 표시하고 핵무기실험금지조약 같은 국제조약에 반대해 비판론자들로부터 미 고립주의의 상징으로 불려왔다. 2002년 말 정계에서 은퇴했다.

3 _ 칭기즈칸식 제국으로

'9.11 테러' 에 대한 미국인의 분노와 애국의 물결이 미 전역을 휩쓸던 2002년 6월 1일 뉴욕주 웨스트포인트 소재 미 육군사관학교 졸업식장에서 조지 W. 부시는 젊은이들에게 "미국은 제국을 추구하지 않는다" 고 선언했다. 미국은 영토적 야심을 품지 않는다는 주장이었다. 하지만 테러 집단이나 불량국가들에 대한 입장은 단호했다. 이들이 대량살상무기로 미국과 동맹국을 위협할 경우 선제공격을 할 수 있다고 경고한 것이다. 이른바 '부시 독트린' 의 탄생이다.

아울러 부시는 "미국은 21세기의 도전과 기회에 맞서기 위해 대대적인 군 개혁을 단행할 것" 이라고 천명했다. 냉전의 종식으로 이미 필적할 상대가 없어졌지만 9.11 테러를 계기로 다시금 군사력 강화에 나서겠다는 의지를 밝힌 것이다. 의지를 현실로 구체화하는 데는 별로 시간이 걸리지 않았다.

미군 개혁의 핵심은 첨단화 · 기동화 · 정보화다. 모든 군 작전은 첩보위성과 정찰기에서 제공되는 정보에 따라 이뤄지고, 어느 적도 넘볼 수 없을 만큼 무기를 첨단화하며, 5대양 6대주 어디에도 순식간에 병력을 보낼 수 있는 기동력을 갖춘다는 것이다. 미 국방대학원의 존 프리스터프 선임연구원은 미군의 전투방식이 '주둔에서 네트워크로' 변했다고 말했다.[56] 특정 지역에 미군이 장기 주둔하면서 적의 공격에 대비하는 과거의 주둔군 개념은 의미를 상실했다는 것이다. 예를 들어 한국에 많은 숫자의 주둔군이 없어도 전쟁이 발생하면 일본 · 괌 · 하와이 등 동아시아 지역 여러 곳에서 순식간에 병력과 장비를 조합해 즉각 투입이 가능하다는 개념이다. 한마디로 미군을 21세기의 '무적(無敵) 강군'으로 거듭나게 한다는 것이다. 이에 따라 2001년 3천2백74억 달러였던 미국의 국방비는 2003년 3천8백27억 달러로 늘었다. 두 해 사이에 무려 5백53억 달러(66조 원)가 늘어난 것이다.[57] 미국은 매년 당해 연도 재정적자와 맞먹는 천문학적 액수를 국방비에 쏟아 부을 계획이다. 2008년 국방비는 4천8백7억 달러로 늘어나게 된다. 단순히 금액만 늘어나는 게 아니다. 올해 미국이 첨단무기 개발에 투자하는 연구개발비는 5백68억 달러로 전체 국방비의 14퍼센트를 차지하고 있다. 중국의 연간 국방비보다 훨씬 많은 돈을 첨단무기 개발에 투입하는 셈이다. 미국의 군사력 증강에는 딕 체니 부통령, 도널드 럼스펠드 국방장관 등 부시 행정부에 포

56 〈중앙일보〉, 2003. 9. 24.
57 〈중앙일보〉, 같은 글.

진한 네오콘들의 논리가 작용하고 있다.

네오콘 이론가로 유명한 카네기 국제평화기금 수석연구원인 로버트 케이건은 저서 『미국 VS 유럽』에서 "미국의 대의는 곧 인류의 대의이고 특히 약세의 동맹국들이 망설일 때 전쟁과 외교 양면을 좌지우지할 압도적 파워를 적극적으로 행사하는 것이 국제 보안관 미국의 역할이자 의지"라고 주장한다. 결국 당면한 문제는 모든 국가가 미국이 헤게모니를 장악한 새로운 현실에 적응하도록 노력해야 한다는 얘기다.[58]

그러나 미국의 가공할 힘에 대해 지식인들의 비판은 매섭다. 프랑스 국립인구연구소 자료국장인 역사학자 엠마뉘엘 토드는 저서 『제국의 몰락』에서 "미국은 보호자가 아니라 약탈자"이며 "지금의 반쯤 제국적인 상황에서 완전한 제국으로 결코 나아가지 못할 것"이라고 주장하고 있다. 그는 미국이 '악의 축'을 운운하고 테러와의 전쟁을 벌이며 이라크를 공격하는 모든 일들이, 유럽이나 러시아 · 일본 · 중국과 같은 강대국의 하나에 불과할 뿐이며 갈수록 쇠퇴하는 자신의 처지를 감추려는 핑계거리에 불과하다고 결론 내리고 있다.[59] 특히 많은 사람들의 믿음과 달리 미국이 경제적으로 약화 일로를 걷고 있고 다른 나라들에 종속적인 존재가 되었다고 지적한다. 한 해 4천억 달러 이상의 무역 적자를 기록하는 미국은 자국을 위해 생산품과 자본이란 '조공'을 바치는 독일과 일본이라는 두 충실한 '보호령'이

58 로버트 케이건, 같은 책, p.34.
59 엠마뉘엘 토드, 같은 책, p.23.

마음을 달리 먹는 순간 무너지고 말 것이라는 설명이다. 이런 상황을 막기 위해서 미국은 국제무대에서 유용성을 계속 과시하기 위해 러시아 · 중국 등 강대국이 아니라 이라크 · 이란 · 북한 등 약소국을 상대로 비디오 게임보다 조금 나은 '연극적인 군사행동'을 벌이고 있다는 것이다. 그러나 이는 중장기적으로 생산의 중심인 유라시아 대륙 강대국들로 하여금 '미국 없는 균형'을 추구하게 만든다. 미국 제국의 몰락을 재촉하는 또 하나의 요인은 모든 제국들의 이데올로기적 원천이라고 할 보편주의의 쇠퇴이다. 내적으로는 흑인과 히스패닉에 대한 통합의 실패, 외적으로는 중동 문제에서 일방적인 이스라엘 편애에 의해 미국의 보편주의는 심각하게 훼손됐다. 교육과 인구 조절, 민주주의의 보급에 의해 안정을 찾아가고 있는 많은 나라들은 테러에 의해 세계를 지배하려는 미국에 대해 불신과 두려움을 갖게 됐다는 것이다.

그래서인가. 미국의 일방주의적 대외정책은 물리적 힘이 유일한 실력이라고 믿는 칭기즈칸식 전략에 가깝다.[60] 몽고는 동유럽, 이슬람, 아시아 등 광대한 제국을 지배했지만 실제로는 아무 것도 가진 것이 없었다. 그러나 일단 군사적 소요가 발생하면 본국에서 기동력이 뛰어난 기마부대를 투입해 압도적인 무력으로 제압했다. 몽고의 전략은 '살아있는 것은 모두 다 말살하라'였다. 소요지역을 쑥대밭으로 만들어 다시는 봉기가 일어나지 않도록 공포심을 심어주자는 것이었다. 오늘의 부시에게서 과거의 칭키즈칸이 연상된다.

60 이지평, LG경제연구원 보고서 『2010 대한민국트렌드』, 한국경제신문, p.364, 2006.

제멋대로 다시 그리는 동맹지도

이미 '제국'이 된 네오콘 주도의 미국은 국제사회에서 제멋대로 행동하는 특별한 존재다. 자신들이 규정한 불량국가들에 대해선 소형 핵무기 사용도 불사하겠다고 위협하면서도 자기 자신의 군비확장에는 열성적이다. 국제형사규범에 대해서도 미국은 자국 특수부대원들의 해외활동에 제약이 가해진다며 참여를 보류하고 있다. 지구온난화를 방지하기 위해 이산화탄소 배출량을 규제하려는 교토의정서가 2005년 봄 발효됐지만, 미국은 불참을 고수했다. 이제 미국에 불리한 다자간 국제협약의 효력은 중대한 위기를 맞게 됐다. 국제사회가 미국을 바라보는 시각은 계속 악화 일로를 달리고 있다. 미국기업, 미국인에 대한 혐오감 역시 더욱 심화될 조짐이다. '불량국가'를 제거하겠다는 미국이 스스로 '깡패국가'가 된 셈이다.[61]

이런 가운데 부시 이후 미국의 동맹관계도 크게 바뀌고 있다. 2003년 5월 미국을 방문한 아로요 필리핀 대통령은 극진한 환대를 받았다. 백악관에서는 미국 언론도 '이례적'이라고 지적한 성대한 만찬행사가 열렸다. 부시 대통령은 "앞으로 필리핀을 최우방 국가로 대우하겠다"고 다짐했다. 9천5백만 달러의 군사지원을 하겠다는 약속도 했다. 2004년 유엔총회에서 자크 시라크 프랑스 대통령의 연설 차례가 되자 부시 대통령은 수행원들과 함께 자리를 떴다. 그의 전

61 클라이드 프레스토위츠, 『깡패국가(Rogue Nation)』, 김성균 옮김, 한겨레신문사, p.503, 2004.

용기인 공군 1호기 메뉴에서는 여전히 프렌치토스트를 찾을 수 없다. 뿐만 아니라, 미의회 구내매점은 프렌치프라이를 '프리덤 프라이(freedom fries)' 로 이름을 바꾸기까지 했다.[62]

동맹질서가 대변혁을 겪으면서 철석 같던 동맹관계가 하루아침에 무시되기도 하고, 과거의 적이 새로운 파트너로 등장하기도 한다. 미국의 대 테러전쟁 개시 이후 이를 반대하는 프랑스 · 독일 · 러시아간의 유대가 강화된 반면, 미국을 위시한 영국 · 호주 등 앵글로색슨의 동맹관계는 더욱 심화되는 추세다. 일본은 미국과 공동보조를 취하면서 우경화와 함께 한 발짝 더 군사대국으로의 변신을 시도하고 있다. 중국의 경우 내실을 키우며, 테러와의 전쟁에 국력을 쏟아붓는 미국의 쇠락을 조용히 기다리겠다는 자세를 견지하는 듯하다. 다만 네오콘들의 궁극적인 국가전략에 중국의 민주화가 포함되어 있다는 점에서 긴장을 늦추지 않고 있다. 이처럼 미국의 외교전선에 '불확실성의 시대' 가 열리고 있다.

---

62 조지 소로스, 『미국 패권주의의 거품』, 최종욱 옮김, 세종연구원, p.46, 2004.

4 _ 팍스아메리카나 그 이후

"나는 주식시장과 관련해 내가 개발한 이론을 소개하고자 한다. 나는 현재 미국 패권주의 추구가 경제에 있어 일시적인 비정상적 호경기(boom-bust) 또는 거품경기와 유사한 것이라고 생각한다."

– 조지 소로스[63]

네오콘들의 팍스 아메리카나 계획은 '자유'를 강조한 조지 W. 부시의 제2기 취임사(2005. 11. 19)에서 더욱 뚜렷해진다. 팍스 로마나의 제국과 루이 나폴레옹의 프랑스 제국이 자유와 해방의 이데올로기를 앞세워 세계 정복에 나섰듯이, 부시의 팍스 아메리카나는 자유와 민주주의 확산을 지상 과제로 공표하였다. 미국은 자국민을 기아와 억압으로 내몰고 있는 '폭정의 전초기지(Outposts of Tyranny)' 국가들을 응징해야 할 책임을 지고 있다는 것이다. 당시 취임사에는 자유를 의미하는 '프리덤(Freedom)', '리버티(Liberty)'가 각각 27번, 17번 사용되기도 했다.

자유를 최고의 가치로 설정한 그의 연설은 루스벨트의 연설과도 비

63 조지 소로스, 같은 책, p.222

교된다. 지금부터 60여 년 전 프랭클린 루스벨트 대통령은 인간의 4대 자유(표현의 자유, 신앙의 자유, 결핍으로부터의 자유, 공포로부터의 자유)에 토대를 둔 새로운 세계 건설을 다짐하는 연설을 한 적이 있다.

부시의 제2기 취임사를 살펴보면, 자유를 앞세운 그의 제국주의적 확신을 엿볼 수 있다.

"자유를 우리 땅에서 지키는 것은 다른 나라에서 자유가 실현되는 것에 점점 좌우되어 가고 있다. 세계 평화를 이룩하기 위한 최선의 희망은 세계 모든 지역에서의 자유의 팽창이다. 따라서 세계의 폭정을 종식하는 궁극 목표 아래 모든 나라의 민주주의를 지원하고 민주적 제도의 성장을 추구하는 게 미국의 정책이다. 필요할 경우엔 무력으로 우리 자신과 우방을 보호할 것이다. 미국은 우리의 정부 형태를 내키지 않아 하는 나라들에게 우리를 따르라고 강요하진 않을 것이다. 대신 그 나라들이 스스로 자유를 이룩하고 스스로의 길을 가도록 도울 것이다. 나의 가장 엄숙한 의무는 이 나라와 국민을 추가 공격과 위협으로부터 보호하는 것이다. 어리석게도 미국의 결의를 시험한 사람들이 있다. 그들은 (미국의) 결의가 굳세다는 것을 깨달았을 것이다. 모든 통치자들에게 국민을 품위 있게 대우해야 우리와 성공적인 관계를 맺을 수 있다고 분명히 요구할 것이다. 그럼으로써 그 정부들의 개혁을 고무할 것이다. 자유 없이는 정의가 없으며 자유 없이는 인권이 있을 수 없다. 자유국가들 간의 분열은 자유의 적이 가장 먼저 노리는 목표다. 민주주의의 증진을 위한 자유국가들의 단합된 노력이야말로 적들의 패배의 서곡이다."

이 취임사에서 국제사회가 주목하는 것은 부시가 네오콘들이 주장해 온 '자유와 민주주의의 확대를 통한 폭정의 종식' 이라는 논리를 집권 2기의 정책목표로 규정했다는 점이다. 네오콘의 기관지인 〈위클리 스탠더드〉 2005년 1월 31일자에서는 발행인인 크리스톨을 비롯한 4명의 논객들이 부시 대통령의 취임사를 미사여구를 총동원해 격찬했다. 크리스톨은 '폭정론(On Tyranny)' 이라는 제목의 글에서 "부시 대통령은 미국의 외교정책을 테러와의 전쟁을 넘어 더욱 큰 폭정과의 투쟁으로 확대시켰다"고 강조했으며, 네오콘의 이론가인 로버트 케이건 카네기 국제평화재단 선임연구원도 "부시야말로 진정한 네오콘"이라며 "사람들이 부시 대통령이 야망과 열정을 억제하길 기대하고 있었다면 그들은 자신들이 잘못됐다는 사실을 발견할 것"이라고 말했다.

실제로, 부시의 취임사 작성 과정에서 네오콘의 입김은 거의 절대적으로 작용했던 것으로 알려졌다. 부시는 취임사를 작성하기 전 네오콘 싱크탱크들과 함께 두 차례 세미나를 가졌는데, 토론 끝에 연설문의 키워드를 부시의 대외정책을 마무리할 '자유' 와 '민주주의' 로 결정했다. 이 세미나에는 백악관 전략구상실의 피터 워너 국장의 주재로 군사학자인 빅터 데이비스 핸슨 해군사관학교 교수, 찰스 크라우새머 〈워싱턴 포스트〉 칼럼리스트, 존 루이스 개디스 예일대 교수, 크리스톨 〈위클리 스탠더드〉 발행인 등의 네오콘들이 참석했다. 또 부시 재선의 일등공신인 칼 로브 정치담당 보좌관도 동석했다. 이 자리에 참석한 네오콘들은 그동안 주장해 온 일방주의와 선제공격론의 정당성을 내세우기 위해 자신들의 핵심목표와 부합한 나탄 샤란스키

(Natan Sharansky)의 『민주주의론(The case for democracy)』을 연설문에 인용하였다. 이에 대해 〈LA 타임스〉(2005. 11. 20) 같은 미국의 신문들은 "부시가 모든 국가와 문화에서 세계의 폭정을 종식한다는 궁극적인 목표 아래 민주주의를 촉진한다는 것이 미국의 정책이라고 밝힌 대목은 네오콘의 의지가 담긴 것"이라며 "미국의 외교정책을 둘러싼 논쟁에서 네오콘이 승리한 것"이라고 의미를 부여했다.

네오콘들은 이라크 점령 이후 계속되는 혼란과 침공 명분인 대량살상무기(WMD) 개발의 증거가 나오지 않자 1년여 동안 자세를 낮추고 자중해 왔다. 특히 이라크 침공을 주장한 네오콘의 이데올로그인 폴 월포위츠 국방부 부장관도 부시 대통령 재선운동 기간 중 공식석상에서 사실상 모습을 감췄었다. 〈LA 타임스〉는 '부시, 네오콘을 그늘에서 끌어내다'라는 제목의 기사에서 미국의 이라크 침공을 유도했고 중동국가들에 민주주의를 이식하려는 강경파가 다시 부상하고 있다고 분석했다.

샤란스키의 『민주주의론』은 부시가 제1기 취임사에서 외교정책지침으로 인용한 로버트 카플란의 『타타르로 가는 길(Eastward to Tartary)』과 비교할 때 훨씬 국제적이고 포괄적이며 전방위적이다. 즉, 두 사람은 국제사회를 이분적으로 파악한 점은 같으나, 카플란이 '악의 축' 국가의 정권을 교정(校正)이 불가능한 제거의 대상으로 인식한 반면, 샤란스키는 민주주의와 자유의 확산을 통해 폭정의 전초기지를 교체할 수 있다고 파악한 점이 차이가 있다.

이어 부시는 2006년 3월 4년 만에 발표한 국가안보전략 보고서에서도 샤란스키의 주장대로 "위험스런 폭정의 전진기지를 먼저 친다"

는 선제공격론을 재확인하고, 북한과 이란, 시리아, 쿠바, 벨로루시, 미얀마, 짐바브웨 등 7개국을 '전제체제'라고 규정하며 "폭정을 용납해선 안 된다"고 강조했다. 이는 미국이 현재 북한 핵문제 해결을 위한 6자회담을 진행하면서도 속내는 북한과의 관계개선이 아닌 북한 체제에 대한 계속적인 압박에 두고 있음을 의미하는 셈이다. 사실, 샤란스키는 2005년 샤론 이스라엘 총리의 대팔레스타인 화해정책에 반발해 장관직을 벗어던질 정도로, 시오니즘 숭배론자다. 그에게는 이스라엘인들의 인권과 자유는 소중하지만 팔레스타인 사람들의 삶은 무가치한 셈이다.

부시가 샤란스키의 체험적 저서를 외교정책 지침으로 발전시킨 것은 단순히 북한 같은 미약한 '악의 축' 정권들을 제거하기 위한 논리를 다지기 위해서가 아니다. 이라크 전쟁에 대한 비난 여론 속에 제2기 집권을 맞은 부시에게 있어 샤란스키의 상품성은 대단하다. 샤란스키는 미국 대중들의 눈길을 끌 시베리아 강제수용소 출신의 박해받은 주인공이자 미국 여론을 주도하는 시오니스트들과 같은 유대인이며, 무엇보다도 부시의 일방주의적 제국주의 정책을 적극 옹호해주는 수호천사인 셈이다. 그래서 부시가 샤란스키의 논리에 현혹됨으로써 '자유'와 '민주주의의 확산'이라는 미명에 취한 나머지 일방적 팍스 아메리카나 정책을 예전보다 더 강력하게 밀어붙이지 않을까 우려된다. 관측통들은 부시가 힘의 논리를 중시한 현실주의자 테오도르 루스벨트를 존경해 온 점을 들어 집권 후반기에는 샤란스키의 '자유와 민주주의 확산' 논리에 '루스벨트식 영웅주의'[64]를 접목해 막다른 패권주의 길로 들어서지 않을까 하며 지켜보고 있다.

그러나 조지 소로스의 지적처럼, 불행하게도 미국은 테러와의 전쟁에서 테러의 위협을 줄이기는커녕 더욱 증대시키고 말았으며, 전세계적으로 반미 감정이 걷잡을 수 없이 확산되었다. 그는 글로벌 자본주의 발전을 위해서는 미국의 역할을 심각하게 재고해야 할 때이며, 이를 위해서는 보다 긍정적인 미국의 비전을 채택해야 한다고 주장한다.[65] 하지만 네오콘 세력에게 현혹된 조지 W. 부시에게선 그것을 기대하기 힘들다.

64 부시는 2005년 12월 말 휴가 기간 동안 미국의 26대 대통령이었던 루스벨트의 은퇴 후 생활을 그린 『소집 나팔이 울릴 때』를 읽은 것으로 알려졌다. 19세기 말 미서전쟁을 일으켜 미국 팽창주의의 신호탄을 쏘아 올렸던 루스벨트 대통령은 전쟁이 끝난 후인 1904년 '먼로주의 보충이론' 이라는 유명하면서도 악명 높은 정책을 제시했다. 일명 '곤봉이론' 으로 불리는 이 정책은 미국이 아메리카 대륙의 경찰이 되어 이곳에서 일어나는 "고질적인 병폐와 무능"에 맞서 어디에라도 일방적으로 개입할 수 있는 권리가 있다는 주장이었다. 루스벨트 대통령 시절 대유행이었던 "위인사관(탁월한 리더에 의해 역사가 움직여 왔다는 일종의 영웅주의 사관)"에 동의하고 있는 부시 대통령이 루스벨트의 책을 선택한 것은 향후 보다 현실주의적이면서 강력한 대외정책을 추진할 의지를 내비친 것으로 풀이된다. 미국의 인터넷신문 〈인터 프레스 서비스〉, 2006. 1.

65 조지 소로스, 같은 책, p.234.

제 3 부

한반도에 드리운 오리엔탈리즘의 그늘

"우월하고 문명한 국가(일본)가 열등하고 미개한 국가(조선)를 지배하는 것이 당연하다."

– 테오도르 루스벨트[66]

"한국의 인민들은 자치능력이 없으므로 일제가 패망한 뒤 수십 년에 걸쳐 연합국의 신탁통치를 받으면서 정부 운영 능력을 수습(修習)해야 한다."

– 프랭클린 루스벨트

세계 속의 미국을 움직이는 조지 W. 부시와 그의 싱크탱크들에게 있어 한반도는 어떤 의미를 갖는 것일까? 지금까지 경험이 말해주듯, 미국의 지배세력은 '지옥과 같은 공산국가' 북한, '미국의 도움

66 지금으로부터 100여 년 전인 1905년 9월 러시아의 패전으로 끝난 러일전쟁을 마무리하는 러일조약에서 중재자로 나선 미국은 일본의 조선 지배를 사실상 인정해 주고, 자신들의 필리핀 지배를 공인받았다. 여기에 힘입어 일본은 그해 11월 대한제국의 대신들을 협박해 이른바 '보호' 조약을 받아들이게 했다. 루스벨트의 이 같은 결정은 일본은 우월하고 조선은 열등하다는 편견에서 기인한다. 놀라운 사실은 이 '대국 중심적인 제국주의자'가 러일조약으로 동양에 평화를 가져오게 했다는 이유로 노벨평화상을 받았다는 점이다. 당시 국제사회가 한국을 이처럼 부당하게 대접한 이유는 일제의 끈질긴 왜곡 공작 탓이다. '조선은 열등하고 자치능력이 없어 일본과 같은 선진문명국의 보호와 통치를 받아야 한다.'는 게 일제의 논리였다. 루스벨트의 사촌동생이었던 프랭클린 루스벨트도 한국에 대한 편견으로 인해 해방 후 연합군의 신탁통치를 주장, 남북분단의 씨앗을 뿌렸다. 그의 제의가 소련 · 영국 · 중국(국민당 정부)에 받아들여져 뒷날 한민족의 장래를 꼬이게 만드는 화근이 된 것이다. 미국 대통령들만 그렇게 생각한 것은 아니었다. 한때 우리 국민의 사랑을 받았던 윈스턴 처칠 영국 총리 역시 비슷한 생각을 가졌다. 조선의 독립을 약속한 연합국 최초의 공식문서는 1943년 '카이로선언'인데, 당시 그는 "코리언들은 자치능력이 없다. 항일독립운동을 이끄는 코리아의 지도자들 중에도 일제가 패망한 이후 자기 나라를 이끌어갈 인물이 없다. 일제가 패망한 뒤 코리아에 즉각적인 독립을 주는 것보다는 선진국의 고문들이 코리언들을 정치적으로 훈련시키면서 코리아를 통치하는 것이 바람직하다."고 말하기까지 했다.

으로 아시아 자본주의 총아'가 된 남한이라는 신화를 깨고 싶어 하지 않는다. 그들은 자신들이 만든 신화 속에 한반도가 갇혀 있길 바란다. 미국의 지배세력과 언론은 남한과 북한 관련 문제에서 일종의 '현대판 오리엔탈리즘'의 색채가 짙은 고정관념을 자주 동원한다. 에드워드 사이드의 지적처럼, 과거의 '고전적 오리엔탈리즘'이 서구의 타자인 동양인의 본질적 낙후성과 정체성, 타율성, 타락한 모습을 강조하는 제국주의적 세계관이었다면, 미국의 현대판 오리엔탈리즘은 제국주의적 선입견과 편견을 그대로 재현하지는 않지만 자국이 아닌 주변국들의 문제들을 '악의 축'이나 '폭정의 전초기지', 또는 '배은망덕' 등 불가피한 문화적 장애로 돌림으로써 제국주의적 패권주의를 정당화한다. 즉, 고전적인 오리엔탈리즘의 노골적인 인종주의가 조지 W. 부시와 극우 네오콘의 '미국식 자유와 민주주의'의 전지구화로 대체된 셈이다.

그들은 종종 자신들이 폭정의 전초기지라 규정한 북한을 향해 자유와 민주주의의 가치를 강요하며 그들을 벼랑으로 내몬다. 그때마다 남과 북의 대화와 협력은 중단되거나 지체되게 마련이다. 미국은 한국인들의 염원이라 할 통일이 어떻게 진행되든 상관할 바 아니라는 식이다. 미국의 관심사는 동아시아에 대한 경제적 이익 추구, 군사적 안정 확보, 잠재적 라이벌인 중국 견제다. 한국에 대해 철저히 무지하고 근시안적이며 지정학적으로 오만한 워싱턴은 미국 경제와 안보를 위해 반세기 가까이 공산주의보다는 우익독재가 낫다는 명분을 내세워 한국민의 민주주의 요구를 외면해 온 것이 현실이다. 그들이 오리엔탈리즘의 렌즈를 통해서 본 한국은 구제불능의 유교

문화로 인해 어쩔 수 없이 가부장제 국가체제와 독재, 부패, 금권정치를 확대 재생산할 수밖에 없는 사회였던 셈이다.[67]

부시 등장 이후 한미동맹은 새로운 도전과 위기를 맞고 있다. 북한에 대한 클린턴 정부의 포용정책은 비록 불발로 끝났지만 남한의 김대중 정권의 햇볕정책에 호흡을 맞추려는 노력을 보여주었다. 그러나 2000년 이후 미국이 부시의 당선과 함께 일방주의로 급선회하면서 한미동맹의 마찰음이 새어 나왔다. 북한 김정일 정권에 대한 '악의 축' 발언 같은 부시의 서투른 행위는 미국과 한국의 보수언론들이 왜곡 확산시킨 '한국의 반미주의'와 맞물리면서 그 파장이 심각해졌다. 한미간 마찰이 계속되는 이유는 지극히 상투적인 말이지만, 서로에 대한 대화와 이해의 부족 탓이다. 한미관계를 오랫동안 관찰해온 한반도 전문가 존 페퍼(John Feffer)는 최근 자신의 저서에서 한국을 공부하려고 하지 않는 미국의 태만을 지적한다.

> "북한에 대한 미국의 '오해(misreading)'는 남북한 전체에 대한 보다 깊은 이해 부족의 한 단면일 뿐이다. 중국이나 일본이 미국의 대학사회에 수많은 언어 및 문화프로그램을 전파하고, 그 결과 전문가들로 핵심집단을 구축한 것과 비교하면, 한국은 아직 불쌍하기 그지없는 동아시아의 이복누이인 셈이다. (…) 북한에 대한 무지는 불투명하긴 하지만 최소한 이해할 만하다. 그러나 남한은 민주주의 국가이며 미국과 절친한 동맹국이다. 남한에 대한 미국의

67 박노자, 『하얀가면의 제국』, 한겨레신문사, 2003.

'오해(misconception)' 들은 남한 국민들에게 불쾌감을 줄 뿐만 아니라, 3만 7천 명의 주한미군과의 관계를 악화시킨다."[68]

특히 부시 행정부의 한반도 전문가 풀은 〈넬슨 리포트〉[69]가 지적했듯이 그 어느 전임자보다 훨씬 부족하다.

부시와 그의 싱크탱크들은 미국의 역할이 '악의 축 국가' 들과 '불량국가' 들에게 자유와 민주주의적 가치를 확산시키는 데 있다고 공공연히 밝히고 있다. 그들의 다짐은 자유주의적 국제주의의 부활이라고도 일컬을 만하지만, 한편으로는 새로운 제국주의의 외침이기도 하다. 국제를 뒤집으면 제국이 되듯, '국제주의' 가 자국의 이상과 가치만을 앞세우면 '제국주의' 로 변질되기 십상이다.

이제, 부시와 그의 싱크탱크들이 21세기의 마지막 냉전지대로 남아 있는 한반도에서 남한과 북한, 그리고 남북관계를 어떤 시선으로 바라보고 있는지 살펴보기로 하자.

---

68 존 페퍼, 『남한 북한』, 정세채 옮김, 모색, p.21, 2005.

69 〈동아일보〉, 2005. 6. 30. 주미 한국대사관을 위해 작성된 미국 사설정보지 〈넬슨 리포트〉의 특별보고서에 따르면 콘돌리자 라이스 국무장관을 비롯한 국무부의 핵심 라인은 아시아의 동향을 잘 알지 못하는 것으로 지적됐다. 이 보고서는 "차세대 한국 전문가가 매우 드물다"고 결론지으면서 △부시 행정부의 한반도 정책 실패로 능력 있는 유망주들이 한국 전문가가 되기를 기피하고 있으며 △능력보다 충성도가 관료사회 내부의 평가 기준이 돼 버렸기 때문이라고 그 원인을 분석했다.

1_북한에 대한 시각

북핵 문제 해결을 위한 6자회담이 지지부진한 것은 북한을 '악의 축'으로 간주하는 미국의 시각 때문일 것이다. 부시 대통령의 북한에 대한 부정적 용어구사는 2002년 '악의 축' 발언을 시작으로 '무법정권'(2003), '세계에서 가장 위험한 정권'(2004), '폭정종식의 대상국가'(2006) 등 해마다 국정연설의 단골메뉴로 등장한다. 그만큼 미 정부가 북한을 싫어한다는 얘기다.

미국의 언론인 데이비드 이그네이셔스는 〈워싱턴포스트〉(2003. 1. 7)에 기고한 글에서 북핵 문제의 답보상황과 관련, 이 같은 미국의 대(對)북한 태도를 꼬집었다.

"무엇보다 한국의 상황은 외교정책을 선악의 구도로 환원할 때 발생하는 위험을 잘 드러내 준다. 부시가 북한과 이라크, 그리고 이란을 '악의 축' 이라고 비난해서 화제가 되었듯, 한 나라를 '악' 이라고 불러놓은 상태에서 그들과 어떻게 협상이라는 것을 할 수 있단 말인가?"

북한의 악마화

미국의 흑백논리적 선악논리는 도처에서 발견된다. 수염 기르고 터번을 두른 사람은 일단 테러리스트로 간주하는 무모함이나, 기독교와 그 이외의 종교를 '문명' 과 '반문명' 으로 도식화하는 단순함, 그리고 미국의 이념적 노선을 따르지 않는 국가를 '악' 으로 간주하는 이분법적 사고가 특히 그렇다.

전 UN대사 진 커크패트릭의 전체주의적 관점을 신봉하는 미국의 강경파들은 북한 체제는 내부로부터 개혁될 수 없으므로, 힘의 개입이 필요하다고 공공연히 주장하고 있다. 니콜라스 에버슈타트 같은 네오콘들은 "포용정책이 북한의 상황을 호전시키지 못했으며 단지 1989년 동유럽 전체에 일어났던 것과 비슷한 붕괴와 같은 필연성만을 연장시켰을 뿐" 이라고 비판하고 있다.[70]

미국이 사담 후세인의 이라크를 공격하기 직전, 네오콘 논객인 찰스 크라우새머는 〈워싱턴 포스트〉(2003. 3. 7)에 '이라크 다음은 북

70 에버슈타트, 논문 〈북한의 악몽〉, 2004. 8.

한' 이라는 제목의 글을 게재해 북한에 대한 적개심을 노골적으로 드러냈다.

> "(…) 현재 북한의 호전성은 너무도 극단적이어서 무모하고 엉뚱한 김정일이 미국의 일시적 취약성을 이용해 전쟁을 도발 또는 촉발해 남한을 신속하게 공격, 한반도의 지도를 바꿔 놓으려 할지도 모른다. (…) 시간이 중요하다. 미국은 이라크 전쟁이 종식되기 전에는 한반도에서 외형상의 억지력을 회복할 수 없을 것이다. 당분간 북한을 달래야 한다. 우선 직접협상으로, 그 다음에는 경제·외교적 수단으로 말이다. 이것은 유화정책이지만 잠정적인 것이어야 한다. 북한 달래기는 이라크 전쟁이 종식되고 미국이 북태평양 지역에서 실질적인 군사적 행동으로 그들을 위협할 수 있는 충분한 힘을 행사할 수 있게 되면 즉시 철회해야 (…) 우리는 이렇게 해야만 한다. 미국은 김정일의 핵이 미국본토에 도달할 수 있을 때까지 기다릴 수 없다. 그때 가서는 너무 때가 늦을 것이다."

당초에 '달래기는 잠시일 뿐(A Place for Temporary Appeasement)' 이라는 제목으로 〈워싱턴 포스트〉에 실렸던 이 기명칼럼은 며칠 뒤 보수지 〈월스트리트 저널〉의 아시아 자매지인 〈아시안 월스트리트 저널〉에 '사담 없앤 후 북한을 호되게 다뤄라(Remove Saddam, Then Get Tough With North Korea)' 라는 보다 노골적인 제목으로 재수록되었다.

또한 같은 해 1월 한국의 반미시위에 대한 대응책으로 주한미군

철수론을 주장해왔던 〈뉴욕 타임스〉의 보수파 논객 윌리엄 새파이어도 같은 시기에 '아시아 전선' 이라는 제목의 글(2003. 3. 10)에서 "미국은 바그다드에서 무장해제를 완수한 후 북한의 무기 거래자들에게 불법 무기를 공습할 수 있다는 것을 분명히 할 것"을 촉구했다.

네오콘들의 입장에서 북한은 항상 악마 같은 존재다. 예를 들어 크라우새머의 주장처럼 김정일이 언제 무모한 전쟁을 벌일지 모를 일인 것이다. 북한이 미군을 상대로 생물학전을 사용하고, 그 뒤에 핵무기를 발사한다는 식이다. 그러나 한국전쟁에서 생물학전을 동원했음직한 나라는 북한이 아니라 미국이었다.[71] 또 대표적인 극우 네오콘인 에버슈타트는 6년 간의 포용정책 후에도 북한이 군사를 조금도 감축하지 않았다고 지적했다. 그러나 사실 미국도 군사를 줄이지 않았으며, 한국도 마찬가지였다.

조지 W. 부시는 김정일 위원장을 공격할 때 외교적인 언어가 아닌 자극적 감정이 담긴 단어를 사용함으로써 개인적인 적개심을 드러내기도 했다. 그는 북한의 지도자를 '피그미(난장이)' 또는 '버릇없는 아이(spoiled child)' 라고 불렀다. 부시가 밝힌 김정일에 대한 정서적 혐오감은 아마 그들 두 사람의 유사성의 정도를 부시가 인식하고 있다는 데서 가장 잘 설명될 수 있을 것이다.[72] 둘 다 권력을 얻기 위해 많은 정치적인 폭풍을 이겨냈다. 둘 다 과거에 바람둥이였다.[73] 그리고 둘 다 정치적 수완이 뛰어난 아버지와 부정적으로 비교

71 존 페퍼, 같은 책, p.146.
72 브루스 커밍스, 『악의 축의 발명』, 차문석 외 옮김, 지식의 풍경, p.100, 2004.

되었다. 만일 심리학자가 진단한다면, 부시의 대북정책은 불안정, 자기부정, 그리고 맹목성이 혼합된 혐오증후군의 표출이라고 할 수 있을 것이다.

부시 정권의 주장과는 달리, 북한은 맹목적인 탈레반이 아니고, 이라크도 아니다. 북한은 미국의 신경질적인 저주에도 불구하고, 미국과의 관계를 발전시키고자 하는 본심을 지니고 있다. 중요한 사실은 북한 사회 곳곳에 변화의 징후가 완연하다는 것이다. 파리 교포 신문 〈오니바〉의 김제완 대표는 2002년 북한을 방문해 아무런 감시를 받지 않고서 일행들과 함께 평양과 그 주변을 자유롭게 다닐 수 있었다고 기억을 더듬었다. 인터넷은 아직 북한에서 소수의 선택받은 사람들에게만 허용되지만, 정보기술(IT) 분야에 대한 관심과 그 발전 속도는 놀라울 정도다. 정동영 전 통일부장관이 2005년 6월 15일 김정일 위원장을 만나 이산가족 화상상봉을 제의한 뒤 불과 한 달도 채 안 돼 남북의 통신망이 분단 50년 만에 처음으로 다시 연결되고, 8월에 세계사에서 유례없는 화상상봉을 해낼 수 있었던 것은 북한의 IT에 대한 각별한 관심과 기술력이 뒷받침되었기 때문이다. 20년 이상 북측 사람들을 접촉해 온 통일부의 한 팀장급 서기관은 "친하게 지내는 저쪽 친구들의 요구사항이 과거에는 담배나 양주 정도였는데, 지금은 USB 메모리나 IT 관련 품목으로 바뀌었다."고 말한다. 현재 북한에서는 수천 대의 휴대전화기가 사용되고 있으며,

73 존 페퍼, 같은 책, p.147.

이것은 국내외적으로 정치 경제 분야의 엘리트들 사이에 엄청난 대화의 자유가 존재하고 있음을 암시하는 것이다.[74] 영어 또한 일상적으로 교육되고 있다. 영어는 '제국주의자'의 언어에서 '국제주의자'의 언어로 격상됨에 따라 북한 사람들은 국제 공동체 사회에 더 많이 참여하게 될 것이다. 필자가 얼마 전 금강산의 한 호텔에서 만난 한 북한 아가씨는 "평양을 비롯한 대도시에는 호텔전문학교가 여럿 있는데, 영어를 필수과목으로 가르치는 곳도 있다"면서 영어 몇 마디를 시범해 보였다. 북한의 의학, 농업, 그리고 문화계의 대표단들은 한국 등 세계의 다른 나라들을 자주 방문하고 있다.

북한의 이 같은 의미심장한 변화도 부시와 그의 네오콘 싱크탱크들에게는 보이지 않는다. 그들의 속내는 북한이 변화하지 않은 채 미지의 야만상태로 남아주길 원하는 것인지도 모른다. 북한의 변화가 자칫 그들의 청사진을 뒤틀리게 할 수 있기 때문이다.

저서 『블로우백(Blowback)』에서 미국의 제국주의를 비판한 채머즈 존슨(Chalmers Johnson) 전 캘리포니아대 정치학 교수는 미국이 계속해서 북한의 변화를 부정하고, 야만성을 드러내고 싶어 하는 이유를 이렇게 말한다.

"미국이 통명스러운 태도로 일관하는 데에는 이유가 있다. 그곳에 평화가 오기 때문이다. 문제는 한반도의 평화가 미국의 계획을

74 존 페퍼, 같은 책, p.123.

수포로 만들 것이라는 점이다. 오랫동안 북한은 미국의 꿈을 실현 시켜 주는 존재였다. 그것은 북한이 터무니없는 미국의 국방예산을 합리화하는 '위협자'의 역할을 완벽하게 해주었기 때문이다. 실제로 북한은 아주 작고 가난하며 기술적으로 낙후된 나라임에도 불구하고, 미국에 위협적인 세력인 것처럼 과장되었다. 그 과정이 얼마나 교활했는지 이 약소국 하나를 변명으로 미국방성은 지난 15년간 전국 미사일 방어체제에 투입된 추가예산 600억 불을 수월하게 합리화할 수 있었다."[75]

그러나 북한에 군사 경제적 압력을 강화하려는 미국의 각본은 학문적 논리로서 뒷받침된다. 북한에 대한 강경책을 주장하는 매파들은 정치철학자 진 커크패트릭의 '전체주의' 개념과 고전 철학자 레오 스트라우스의 '민주주의'의 절대가치론을 내세워 북한 체제를 공격한다. 커크패트릭의 논리에 따르면 우파 전체주의는 스스로 변화할 수 있지만, 좌파 전체주의 시스템은 불변이다. 좌파 전체주의체제 하에서 변화처럼 보이는 것은 모두 눈속임이거나 밑으로부터의 압력의 결과이다. 냉전 이후 러시아와 동유럽, 중국 등 좌파 정권들의 개혁바람으로 인해 그 효용성을 상실한 커크패트릭의 터무니없는 논리가 네오콘들에 의해 북한에 다시 적용되고 있는 것이다.

하지만, 현재 개성공단에는 6,850여 명의 북한 근로자가 일하고 있고,[76] 금강산 관광객이 100만 명을 넘었으며, 최근에는 북한 정권

---

75 강인규, 〈오마이뉴스〉, 2004. 9. 22.

의 심장부로부터 지근거리에 있는 개성시내 관광사업까지 시작되는 터에 북한의 변화를 의혹의 눈초리로 보는 것은 편견의 극치다. 북한은 변화하고 있다. 미국 정부가 북한의 변화를 애써 외면한 채 냉전의 이분법적 잣대로만 북한을 평가한다면, 그것은 미국뿐 아니라 우리 모두의 비극이다.

이상한 나라의 엘리스

조지 W. 부시나 네오콘 강경세력뿐 아니라, 일반 미국인들도 종종 북한을 이상한 나라의 엘리스, 루이스 캐롤의 서자 혹은 조지 오웰의 빅 브라더로 표현하고 싶어 한다. 이러한 시각에는 북한을 악마로 보는 관점과 다른 한편 '동양'의 전제정치로 보는 관점들이 얼키설키 엮여 있다.

한국에서 신문기자를 지냈고, 현재 위스콘신대 언론학 박사과정을 밟고 있는 강인규 씨가 〈오마이뉴스〉 2004년 9월 22일 자에 기고한 글을 보면 북한에 대한 편견은 진보와 보수를 가리지 않고, 미국사회 곳곳에 스며들어 있음을 알 수 있다.

"우연히 미국 진보지식인들의 워크숍에 참여할 기회가 있었다. (…) '유머광고'의 웃음 뒤에 교묘하게 자리 잡은 여성에 대한 폭력

76 2006년 5월 1일 기준.

성을 날카롭게 지적한 한 남성학자는 다음과 같이 목소리를 높였다.

'여러분, 우리가 지금 어느 시대에 살고 있습니까? 여기가 북한입니까?'

나는 주위를 둘러보았다. 나를 제외한 모든 사람들이 얼굴에 웃음을 머금고 있었다. 그때서야 나는 발표자가 농담을 했다는 사실을 알았다. (…) 맥락에 맞지 않게 터져 나온 '여기가 북한이냐' 는 농담에 강의실을 채운 참석자들이 웃음으로 화답했다는 사실은 그들 사이에 지극히 상식적이고 무의식적인 경험의 공감대가 있음을 의미했다. 나는 적잖이 실망했다. (…) 상대를 대화와 타협이 불가능한 '정신병자' 로 볼 때, 그리고 그 '환자' 가 위험하다고 간주할 때 해결책은 단 하나, 그들의 머리 위에 폭탄을 떨어뜨리는 것뿐이다. 미국인들이 북한을 바라보는 '상식적' 태도에 담긴 위험성이 여기에 있다."

북한은 미국 정치인들에게 있어 항상 통제 불가능한 '악마(evil)' 였으며, 대중문화 역시 그런 북한에 악역을 맡겼다. 북한은 미국의 가장 오래된 적이다. 북한이 악명 높은 '악의 축' 으로 불리기 10년 전, 콜린 파월 장군은 걸프전 전야에, "나는 악인을 축출할 것이다. 카스트로와 김일성까지 책임지겠다."고 선언했다.[77] 〈뉴스위크〉는 1994년 북한의 지도자 김일성이 사망했을 때 북한을 '머리 없는 야수' 라고 불렀다. 그의 아들이자 후계자였던 김정일은 비밀스러운 핵

77 존 페퍼, 같은 책, p.145.

계획이 드러난 이후 2003년 〈뉴스위크〉로부터 '닥터 이블(Dr. Evil)'이란 칭호까지 받았다. 사담 후세인 추방 이후 행해진 한 여론조사는, 미국인의 거의 40퍼센트가 북한이 미국에 분명히 위협적이라고 믿고 있음을 보여주었다.

뿐만 아니라, 미국의 대중문화계는 냉전 이후 러시아와 중국에게 더 이상 악역을 맡길 수 없게 되자 북한을 악역으로 설정하는 추세다. 몇 년 전 탤런트 차인표 씨가 출연을 거부해 화제가 됐던 영화 〈007 다이 어나더 데이〉는 북한을 미국의 실제적인 적으로 담고 있다.

차인표 씨는 언론과의 인터뷰에서 "(제의받은) 역할은 007과 맞서 싸우는 북한의 장교 문 대령으로서 (대본에 의하면) 멋있고 잘생겼으며 유럽에서 교육을 받아 영어를 유창하게 하는 엘리트였지만, 힘으로 통일을 하고 일본까지 점령해 미국과 맞서 싸우겠다는 생각을 가진 인물이었다."면서 "그러나 냉전적 시각을 담고 있는 내용상의 문제로 고심 끝에 출연을 거부했다"고 밝혔다.[78]

그러나 이 영화에 대해 〈시카고 선-타임즈〉의 영화평론가 이버트는 이렇게 쓰고 있다. "영화는 아주 독특한 분위기에서 시작한다. 이 영화에서는 악당이 허구적인 존재가 아니라, 아주 현실적인 존재로서 등장하기 때문이다. 북한은 이제 나치와 같이 아주 사실적인 악역으로 부상했다."[79]

---

78 〈머니투데이〉, 2005. 12. 6.

79 로저 이버트, 〈시카고 선-타임즈〉 2002. 11. 22.

이처럼 북한의 기이함이나 '위협'은 미국인의 삶 속에서 아주 당연한 사실로 받아들여지고 있는 것이다. 이에 대해 강인규 씨는 북한에 대한 미국인의 편견이 상당부분 국내 언론의 영문사이트가 제공하는 편향된 정보에서 비롯되고 있다고 지적한다. 그 단적인 예가 최근 가장 첨예한 이슈로 부상한 북한의 인권문제다. 다음은 〈뉴욕 선〉(2003. 3. 1)이 보도한 북한의 주민학대에 관한 내용이다.

"북한의 핵무기 계획에 관한 논란이 한창인 현재, 기억해 둘 만한 또 다른 사항은 북한이 자국 국민을 잔혹하게 학대하는 데 사용하는 재래식 방법이다. 현재 이십 만 명의 정치범이 수용소에 갇혀 고통받고 있다. 이들은 새벽 6시부터 밤 8시까지 강제노동에 시달리는데, 이들에게는 오히려 이때가 이데올로기 주입을 위한 세뇌교육으로부터 해방되는 휴식시간이다."

〈뉴욕 선〉의 사설은 북한 정부의 비인간적 만행을 소상하게 묘사한 뒤, '이로서 북한체제의 잔혹성이 드러났다'고 결론을 내리며 미국정부에게 북한에 대해 더 강경하게 대처할 것을 요구하고 있다. 이 신문은 정보의 출처를 영문사이트(http://english.chosun. com)를 갖고 있는 한국 일간지 〈조선일보〉라고 밝히고 있다. 물론 〈뉴욕 선〉의 내용이 사실일 수도 있다. 부시정권 역시 망명자의 증언과 보고에 의존하고 있다. 그러나 최근 '쇳물 고문사건' 등에서 보듯, 탈북자들의 진술은 다른 탈북자들에 의해서 그 신빙성을 의심 받기도 한다. 이미 오래 전에 CIA는 실질적으로 "망명자의 정보는 신뢰할 수 없고 그 증언들도 신용하기 어렵다고 생각한다"고 밝힌 적이 있다. CIA는 이런 류의 특별한 자료에서 손을 뗀 지 오래다.[80]

이율배반적인 인권 기준

2005년 9월 19일 6자회담에서 북핵 폐기를 전격 합의하고도 후속 회담은 지지부진한 상태다. 여기에는 북한의 심기를 건드리는 미국의 비(非)외교적 발언이 한몫하고 있다. "북한이 달러 위폐를 만들었다"는 주장에서부터, "범죄정권", "인권침해 국가" 등의 발언을 쏟아낸 미 강경파들의 태도는 북핵 폐기라는 목표를 향해 막바지로 달려가야 할 6자회담에 일부러 재를 뿌리는 행위와 다름없다. 미국 강경파들은 "북핵문제가 해결되더라도 인권문제가 남아 있는 한 북미관계 정상화는 어렵다"고 지적하고 있다.

미 국무부는 해마다 인권보고서를 펴내지만, 국제정치학자들로부터 객관적이지 못하다는 비판을 받는다. 미 부시 행정부의 잣대로는 미국에 고분고분한 친미국가는 '자유국가'이고, 그렇지 못한 자주적 성향의 국가는 '독재국가'로 낙인 찍히기 십상이다. 한마디로 이중 잣대다. 부시 행정부는 다른 나라에서의 인권을 체제전환의 명분으로 즐겨 삼아 왔다. 이라크 사담 후세인 정권 전복이 대표적인 보기다.

그렇다면 미국은 인권문제에서 자유로운가. 결코 그렇지 않다. 가까이는 인권보호를 명분으로 내세워 침략한 이라크 아부 그라이브 감옥에서 수감자들을 나체로 만들어 짐승처럼 끌고 다녔고, 이와 비슷한 인권침해 사례들이 속속 밝혀지고 있다. 사실, 인권문제에 불투명한 미국이 가입하지 않은 주요 인권협약은 '경제 사회 문화적

80 존 페퍼, 같은 책, p.128.

권리에 관한 규약', '인종차별 철폐협약', '여성차별 철폐협약 및 선택의정서', '아동의 권리에 관한 협약 및 2개의 선택의정서', '국제형사재판소 설립규약', '이주노동자 및 그 가족의 권리보호법', '무국적자의 지위에 관한 협약', '난민의 지위에 관한 협약', '전쟁범죄 및 반인도적 범죄에 대한 시효 부적용 협약' 등이며, 국제노동기구 관련해서도 183개 중 14개만 가입하고 있다.[81]

하지만 민주주의 국가를 자부하는 미국도 가입하지 않은 시민정치적 권리와 경제 사회 문화적 권리, 아동의 권리, 여성차별 철폐에 대한 협약에 북한은 가입해 있다. 또한 미국에는 27개 주에 100개 이상의 사설교도소가 있고, 18개의 사설교도소 설립 회사가 있다. 이곳의 수용자들은 600만 명이 넘을 것으로 추정된다. 심지어 미국이 국제적 조사를 피하기 위해 테러용의자들을 억류하고 있는 20개 이상의 구금시설을 국외에서 비밀리에 운용하고 있다는 것은 공공연한 비밀이다. 최근 〈워싱턴 포스트〉는 폴란드, 루마니아 등에 있는 CIA의 비밀수용소 8곳을 공식 보도했다.[82] 뿐만 아니라 미국은 북한을 테러국가로 지명했음에도 불구하고, 생명권 보호를 위한 획기적인 국제협약으로 139개국이 서명하고 90개국이 비준한 '집단살해죄의 방지와 처벌에 관한 협약'에 대해선 아직까지 참여를 포기한 상태다.

---

81 윤수진, '현장 취재, 북한 인권국제대회의 안팎', 『민족 21』, p.81, 2006. 1.
82 〈워싱턴 포스트〉, 2005. 11. 4.

2 _ 남한에 대한 시각

미국의 네오콘 세력이 북한정권과 김정일 국방위원장만을 혐오하는 게 아니다. 노무현 정권을 평소 탈레반 정권이라고 못마땅해 하던 네오콘들은 급기야 그들의 정권교체(레짐 체인지) 대상으로 북한에 이어 한국까지 거론하기 시작했다. 그들의 눈에 한국 정부의 존재는 미국의 세계 전략 수행에 있어 거추장스런 존재일 뿐이다.

우파 잡지 〈위클리 스탠더드〉 편집인이자 골수 네오콘 싱크탱크 PNAC의 의장인 윌리엄 크리스톨이 2005년 1월 미국의 여론 층에 보낸 에버슈타트의 글은 마치 한국 정부에 대한 선전포고와 같다.

"한국 여론은 북한에 대해 매우 깊이 양분된 채로 상반된 태도를 가지고 있다. 그리고 현 정부는 국정 수행 지지도가 지속적으로 낮다. 네오콘은 한국의 대북유화정책론자들을 설득하는 대신에 한국 국민과 정치세력을 상대로 방탕한 동맹국이 순한 양처럼 되돌아오도록 직접 설득해야 한다. (…) 우리가 만일 한국 국민들에게, '탈레반' 을 축출하고 미국의 한반도정책을 따르도록 지원한다면, 친미정당과 신문에게 돈을 대준다면 우리는 '방탕한 집(한국)' 을 수거할 수 있다."

에버슈타트는 이 글에서 제2기 부시 행정부가 "반드시 노무현 정부의 온건세력(친미 성향의 세력)과 함께 일해야 한다."고 주장했다. 그의 글을 읽다 보면 네오콘 이전에 미국 지식인들의 한국에 대한 기본 인식을 엿보는 것 같아 소름이 돋는다. 그에 따르면 북한 핵 문제에 대한 미국의 정책이 차질을 겪고 있는 이유는 신좌파 성향의 한국학자들과 한국 정부의 안보정책 전반에 큰 영향력을 미치는 인사들의 반미 성향과 친북 성향 때문이다. 한국은 이제 '이탈한 동맹국' 이며, 파괴적인 정권을 이웃에 두고 있으면서도 대학원 수준의 '평화학 강의' 에 맞춰 안보정책을 세우고 있다. 그럼에도 한국은 전진 배치된 주한미군 및 한미안보동맹에 안보를 의존하고 있다고 그는 비판한다.

네오콘들은 자주 한국정부의 '친북 성향' 을 탈레반 세력과 연관 짓는다. 에버슈타트는 주저 없이 '탈레반' 이라는 용어를 노무현 정부의 핵심세력과 외교안보정책 목표를 설명하는 데 적용했다. 그는 미국의 대한반도 정책에 대해 태업을 벌이고 있는 한국의 탈레반들로부터 한국 국민을 구출해야 한다고까지 말한다. 탈레반과 노무현 대통령을 엮는 것은 상식을 벗어난 것이지만, 그의 발언은 의미심장하다. 그가 한반도 강경정책론자인 존 볼턴 국무부차관과 콘돌리자 라이스 국무장관의 견해를 확실히 반영하고 있기 때문이다.

북한과 화해하려 했던 김대중 전 대통령의 노력을 외면했던 부시 행정부는 한국군을 이라크에 파병한 노무현 대통령에 대해서도 그다지 기뻐하지 않았다. 그들은 노 대통령이 LA에서 개최된 국제문제협의회(World Affairs Council)에서 "핵을 확보하려는 북한의 열망이 그들이 직면한 위협을 생각해 보면 일리가 없는 것은 아니다"[83]라고 한 발언에 대해 격분했다. 부시 재선 직후 공화당 싱크탱크인 미국기업연구소(AEI)의 선임연구원인 에버슈타트는 국내 한 언론과의 인터뷰에서 "청와대와 국가안전보장회의(NSC)의 누가 부시 낙선을 원했는지 우리는 알고 있다."[84]고 말해 불쾌감을 노골적으로 나타냈다. AEI는 '비둘기파'인 콜린 파월 국무장관의 독주를 견제하기 위해 네오콘이 국무부에 심어놓은 매파인 존 볼턴 전 국무차관이 몸을 담았던 곳이었고, 에버슈타트는 볼턴과 함께 〈북한의 종말〉이라는 김정일체제 붕괴 시나리오를 만든 장본인이기도 하다. 따라서 에버슈타트의 발언은 단순한 일개 연구원의 발언이 아니라, 노 대통령과 이종석 당시 NSC 사무차장을 직접 겨냥한 네오콘의 공격으로 받아들여졌다.

에버슈타트는 이에 앞서 〈북한의 악몽〉이라는 논문에서 노 대통령에 대해 미국과 북한에 대해 동시에 유화정책을 펴는 '이중적 유화

83 〈동아일보〉, 2004. 11. 14.
84 〈서울신문〉, 2004. 11. 8.

정책론자' 라는 강한 불신감을 피력하며, 노 대통령이 김대중 전 대통령으로부터 승계한 '햇볕정책' 을 실현가능성 없는 정책으로 폄훼한 뒤, "남한의 상당한 피해를 감수하더라도" 김정일체제를 붕괴시키는 것만이 유일한 해법이라고 주장하기도 했다. 한국 정부가 에버슈타트 같은 극우 강경파들에게 연구비를 대주고, 여론을 거스르며 이라크 파병을 강행, 미국에 맹종했는데도 이런 소리가 나온다. 네오콘들은 북한 정권을 붕괴시키려면 남한 정권을 바꿔야 한다고 믿는 것 같다. 그들의 이 같은 의지는 한국의 뉴라이트, 미디어 지식인들, 기독교 근본주의자들의 평소 주장과도 흡사해 마치 그들 사이에 긴밀한 연대의 고리가 존재하는 듯하다.

3 _ 남북 관계에 대한 시각

경제협력의 속도를 내고 있는 남한과 북한의 밀착관계는 조지 W. 부시와 그의 네오콘 싱크탱크들에게는 별로 달갑지 않은 소식이다. 부시의 재집권이 확정되자 예상대로 라이스 국무장관은 북을 가리켜 '폭정의 전초기지' 라고 규정하며 부시의 '악의 축' 발언을 이어갔다. 북측은 2기 부시 행정부에서 대북정책이 근본적으로 바뀌지 않음을 확인하고, 곧바로 '6자회담 참가 무기한 중단과 핵무기 보유 및 증산 방침' 을 천명했다. '2.10 핵보유 선언' (2005)이 그것이다. 2.10 선언은 한반도 정세를 근본적으로 뒤바꾸어 놓았다. 북이 미국의 핵공격에 맞대응할 수 있는 핵 억지력을 갖고 있음을 공개적으로 천명함으로써 미국의 핵 공격 위협은 전략적 효용성을 상실했고, 군사적 압박노선의 주요 추진동력 역시 사라졌다. 2.10 선언 이후 미국은 대북 경제제재와 외교적 압박을 강화하기 위한 노력에 힘을 쏟았다. 라이스 국무장관과 힐 차관보의 한 · 중 · 일 방문은 그러한 노력의 일환이었으며, 부시 대통령도 중국과 러시아를 설득하기 위해 직접 나섰다. 그러나 한국과 중국 정부는 이에 반대했다.

2.10 선언 이후 북미 간에 존재했던 첨예한 대결 국면은 미국이 북의 요구를 수용하면서 대화와 협상 국면으로 전환했다. 디트라니 북핵 담당 특사가 5월 13일 유엔주재 북 대사관을 방문해 북을 주권국가로 인정하며, 북을 공격하지 않을 것임을 보장하며, 6자회담의 틀 내에서 북미 직접 협상을 진행할 것을 제안하면서 북미 간 대화와 협상의 물꼬가 본격화됐다. 아울러, 이 무렵 10개월 동안 동결되었던 남북 당국관계가 정상화되었을 뿐 아니라 한 단계 진전을 예고하는 정치적 환경과 조건도 마련되었다. 6.15 평양 민족통일대축전, 6.17 면담, 8.15 서울 민족대축전과 북측 당국자의 현충원 방문, 장관급 회담 정상화, 아리랑축전 참관단 평양 방문 등은 남북관계 정상화의 발전을 그대로 보여주었다. 궁극적으로 남과 북은 이러한 환경과 조건을 적절히 활용해 제4차 6자회담에서 공동성명을 이끌어내는 데 성공했다.

9.19 공동성명은 한반도 냉전체제 종식 선언이다. 그것은 북미 평화공존과 한반도 평화체제 수립을 실현하자는 정치적 선언으로서 탈냉전 시기에도 냉전의 섬으로 남아 있던 한반도에서 마침내 냉전이 종식되기 시작했음을 의미한다. 그러나 문제는 다른 데 있다. 부시 행정부는 어쩔 수 없이 9.19 공동성명에 합의했지만, 대북정책 기조를 바꾼 것이 아니다. 부시 행정부는 공동성명을 충실히 이행할 의지와 의사가 없었다. 9.19 공동성명의 충실한 이행은 북미관계 정

상화, 대북 경제제재의 해제, 북미 평화협정 체결을 마무리 짓는 것을 의미한다. 그러나 클린턴 정부의 대북정책을 전면 부정하고 새로운 대북 강경정책기조를 내세운 네오콘 강경파들은 이를 쉽게 받아들일 수 있는 입장이 아니다. 그래서 강경파들은 6자회담 와중에 뜬금없이 북한을 '돈세탁 우선거래' 대상국에 지정해 북의 대외 금융활동에 제동을 걸고 나왔고, 조선광성무역 등 북의 8개 회사가 대량살상무기 확산에 불법 관여한 혐의가 확인되었다며 이들 회사가 미국 내에 보유하고 있거나 보유하게 될 모든 자산에 대해 동결령을 내렸다.

이처럼 부시 행정부가 9.19 공동성명의 성실한 이행을 모색하지 않고 반대로 대북 압박공세를 단계적으로 확대하고 있는 것이 현재 한반도 정세의 핵심이다. 최근의 양상을 놓고 보면, 미국의 압박공세는 매우 심각하고 우려할 만하다. 버시바우 주한 미 대사는 직접 나서서 북을 지칭해 범죄국가로 낙인찍고 범죄국가이길 그만두어야 제재가 풀릴 것이라고 비난했는가 하면,[85] 미 정부는 서울에서 뉴라이트와 함께 '북 인권국제대회'[86]를 대대적으로 벌이는 등 대북 인권 공세를 강화하고 있다. 북 인권국제회의에서는 2004년 미국의 '북한인권법' 통과에 공을 세운 디펜스포럼 수잔 숄티 회장, 버시바

85 버시바우 대사, 2005년 12월 7일 관훈클럽 초청 토론회.

86 미 국무부의 재정 지원을 받는 미 인권단체 프리덤하우스와 국내 북 인권 관련 NGO 단체들이 2005년 12월 9일 서울 신라호텔에서 2박 3일 일정으로 개최한 북한인권국제대회는 총 3억 원의 돈이 소요됐으며, 이 가운데 절반은 프리덤하우스가 부담했다. 프리덤하우스는 매년 북의 인권을 위해 200만 달러를 지원하고 있다.

우 주한 미 대사, 미국의 레프코위츠 북 인권대사, 네오콘의 상징인 허드슨 연구소의 호로위츠 선임연구원 등이 참석했다. 레프코위츠 대북 인권담당 특사는 보수언론과 보수 우익세력의 열렬한 환호 속에 대북 인권문제를 지속적으로 제기해 나갈 것임을 천명했다. 처음부터 정치 행사의 조짐을 드러낸 이 대회에는 박근혜 한나라당 대표, 이명박 서울시장 등 한나라당 인사들과 뉴라이트 세력, 수구적인 언론인과 학자, 일본의 극우인사까지 등장해 정부의 대북정책을 규탄하는 정치 발언을 쏟아냈다.

서울대 명예교수인 안병직 대회공동대표는 "6.15 공동선언을 폐기해야 한다. 이게 있는 한 남북관계는 절대로 올바른 방향으로 갈 수 없다."고 주장했다. 과거 박정희 정권을 '동방의 횃불'로 찬양했는가 하면, 광주민주화운동 당시에는 시민들을 폭도로 몰아세운 경력의 소유자인 류근일 〈조선일보〉 전 주필이 '과거 군부독재와 맞서 싸운 민주투사'로 소개되기도 했다. 또 일본 교과서 왜곡의 주범인 일본의 '새로운 역사교과서를 만드는 모임(새역모)'의 핵심인물인 츠토무 니시오카도 이 자리에 참석했다.[87] 납북일본인구출협의회 부회장인 니시오카는 일본인 납북문제를 발표했다. 그러나 북미 양국이 적대관계를 유지하고 있는 상태에서 '인권대회'에 미국의 네오콘 세력들이 대거 참여해 북의 인권과 체제변화를 토론하는 것은 대단히 민감한 사안일 수밖에 없다는 지적이 적지 않다.

이와 관련해 얼마 전 '아시아 인권 광주포럼' 참석차 한국을 찾은

87 윤수진, 같은 글, p.81.

재미 인권변호사 클레런스 디아스(Clarence Dias) 박사는 "이번 대회에서 미국이 북한 인권문제를 거론하는 것은 지구적 대테러전쟁이 어떻게 작동하는지를 잘 보여준다. 공개적으로 하나의 의제를 내놓고 실제로는 다른 의제를 이야기하는 미국의 방식을 알아야 한다."며 "미국이 북한 인권문제를 제기하는 데 숨어 있는 의제는 남북통일을 차단하기 위한 것"이라고 지적했다.[88] 즉, 북한 인권대회를 하면서 체제변화 의지를 밝히는 것은 현재 일취월장하는 남북교류를 중단시키고자 하는 정치적 의도가 깔린 것이고 진정한 인권에 대한 고민이 아니라는 얘기다.

이 같은 미국 강경파들의 정치적 의도는 네오콘의 대표적인 이론가인 로버트 케이건 국제평화재단 교수가 정동영 통일부 전 장관과 나눈 대화에서도 그대로 배어 나온다. 그는 이 자리에서 "제4차 6자회담의 공동성명이 중요하지만 이번 약속이 처음은 아니다. 이미 지난 1994년 제네바 합의 때도 포기한 적 있다."며 "북한의 전략적 결정이 있었다고 하지만 북의 행동을 보면 여전히 불확실성이 있다."고 의혹을 거두지 않았다. 정 전 장관은 북한에 대해 부정적 시각을 보이는 케이건에게 "북한정권의 붕괴에 입각해 압박해 온 과거 정부의 정책은 '틀린 것'으로 증명됐다"면서 "이제 평화공존정책, 포용정책이 빠르고 실효적인 한반도 평화를 위한 정책임을 국민들도 직관적으로 느끼고 인지하고 있다."고 강조했다.

---

88 윤수진, 같은 글, p.80.

이에 대해 케이건은 "얘기를 나누다 보니 정 장관은 마치 한국의 헨리 키신저(전 미 국무장관) 같다."고, 알쏭달쏭하고 의미심장한 말로 대담을 끝냈다. 키신저는 1970년대 중반 미국의 데탕트 정책을 창안하고 그 후 줄곧 현실주의에 바탕을 둔 외교정책을 주도한 국제정치의 거목이다. 그러나 그는 헤게모니 지향적인 네오콘 강경파들로부터 미국의 힘을 약화시켜 미국을 테러와 '악의 축' 국가들의 위협에 빠뜨린 주범이라는 비판을 받아 왔다. 네오콘의 이론가 케이건이 정 전 장관을 그런 키신저에 비유한 것은 이처럼 복잡한 뉘앙스가 담겨 있는 것이다.

2005년 10월 12일 〈매일경제〉가 주최한 세계지식인포럼에서 마련된 두 사람의 대담 일부를 발췌해 본다.

(…)

케이건 북핵문제와 통일문제는 직접 연결된다고 보나.

정동영 일부에서 북핵을 가장 걱정하는 게 미국이며 한국이 너무 안이하다고 하는데 나는 이에 동의하지 않는다. 우리 정부의 한반도 비핵화에 대한 의지, 평화에 대한 염원은 확고부동하다. 한반도 비핵화라는 목표는 미국과 같다. 그런데 속도와 방법에 차이가 있다. 속도의 경우 한국 정부가 택한 포용정책(Engagement Policy)이 오히려 빠른 효과를 낼 수 있다. 서독이 동독에 대해 추진한 '작은 발걸음 정책', '접근을 통한 변화정책'과 마찬가지다.

케이건 말씀하신 부분은 전문가적이고 희망적인 정책이다. 북한을 평화적으로 바꾸는 게 모든 문제의 해결책이라는 데 동감한다. 위험부담이 있지만 포용정책이 성공할 기회를 주는 게 좋다고 본다. 한 가지 염려되는 점은 김정일 북한 국방위원장이 핵무기를 상당히 원한다는 것이다. 북한이 점진적인 평화를 추진하면서 동시에 점진적으로 핵무기를 강화하는 게 아닌가 한다. 북한이 핵 확보 의지를 점점 높이면 한국의 통일정책은 어려움에 봉착할 수 있다.

정동영 북한이 원하는 핵심은 바로 '생존'이다. 북한의 생존은 불신과 공포로 위협받고 있다. 구체적으로 미국으로부터의 공포, 불신으로 인해 자신의 생명이 위협받고 있다고 본다. 하지만 북한 입장에서 생존을 위한 희망의 1차적 조건은 '핵 포기'라고 할 수 있다. 북한이 핵보유국이 되면 한반도 비핵화가 깨지고 남북 평화공존이 불가능해지는 상황을 맞게 된다. 한국 정부의 포용정책 목적은 평화공존이다. 그 다음 단계로 통일을 향한 접근이 이뤄지는 것이다. (…)

케이건 (제4차 6자회담의) 공동성명이 중요하지만 이번 약속이 처음은 아니다. 이미 지난 1994년 제네바 합의 때도 포기한 적 있다. 북한의 전략적 결정이 있었다고 하지만 북의 행동을 보면 여전히 불확실성이 있다.

정동영 94년 합의는 핵동결 조건으로 경수로를 제공하는 것이었다. 이번 9 · 19 공동성명은 모든 핵무기와 핵계획 포기다. 중요한 것은 합의를 기정사실화하고 '한반도 평화헌장' 으로 굳혀 나가는 것이 한반도 비핵화를 원하는 모든 당사자의 이익에 부합한다는 것이다. 실천이 중요하다. 끊임없이 의심하면 도움이 되지 않는다. 북한에 대해 핵 포기, 평화공존, 북미관계 정상화에 확신을 심어주고 북한이 언젠가 친미국가도 될 수 있다는 가능성을 열어주는 게 문제해결에 더 중요하다. 1994년 7월 김일성 주석이 사망했다. 당시 전문가들이 후계체제는 어쩌면 3일이나 3개월, 길어야 3년을 넘기기 어려울 거라 예견했다. 제네바 합의에는 2003년 목표로 10년짜리 프로젝트였지만 이런 가정을 내포하고 있다. 제네바 합의가 북한 후계체제의 연속성에 대해 회의적인 시각을 갖고 도출됐지만 김정일 체제는 12년째 건재하다. 북한정권의 붕괴에 입각해 압박하고 봉쇄해 온 과거 정부의 정책은 '틀린 것' 으로 증명됐다. 이제 김대중 · 노무현 정부가 추진해 온 평화공존정책, 포용정책이 빠르고 실효적인 한반도 평화를 위한 정책임을 국민들도 직관적으로 느끼고 인지하고 있다.

케이건 얘기를 나누다 보니 정 장관은 마치 한국의 헨리 키신저 같다.

개성공단과 인권

개성공단 개발이 예정대로 진행되면 3단계 개발이 끝나는 2011년에는 2천 개 기업이 입주해 북측 근로자만 35만 명에 달할 것이라고 한다. 부양가족까지 합하면 50만 명에 달하는 대도시가 된다. 현재 개성인구는 20만 명인데, 그 단계에 이르면 북한에서 평양 다음의 큰 도시가 된다. 인구 규모만으로 그렇다는 것이지 생산력을 따지면 당연히 북한 제1의 도시가 될 게 틀림없다. 자본주의 방식으로 운영되는 이 같은 대도시가 경직된 북한체제에 미칠 충격 또한 적지 않을 것이다. 그러나 미 강경파의 인권 제국주의는 개성공단의 장밋빛 미래를 가만두지 않는다. 2005년 보수세력이 주도한 서울의 북한인권국제대회를 물심양면 지원한 레프코위츠 미국 대북인권 특사는 2006년 4월 28일 미 하원 청문회에서 개성공단 사업이 북한에 수억 달러를 퍼주었다고 말했다. 이에 앞서 3월에는 개성공단의 근로조건 문제를 제기했다. 근로자들의 임금이 하루 2달러도 안 된다느니, 노동권 보장이 없다느니 하면서 국제노동기구(ILO) 등을 통해 조사 평가한 뒤 유엔에 보고토록 해야 한다고 주장했다.

개성공단에 대한 전략적 판단이 한미 간에 다를 수 있다고 볼 수 있지만, 레프코위츠의 발언은 지극히 의도적이고 왜곡돼 있다. 그는 개성공단사업을 대북 퍼주기라고 했지만, 북한 정권이 치른 대가도 적지 않다. 북한은 개성공단 지역에 배치돼 있던 중무장 사단인력을 후방으로 재배치했다(〈한국일보〉, 2006. 4. 30). 이는 서부전선의 대남 기습공격루트인 개성-문산 축선을 포기한 효과가 있다. 휴전선의 10킬로미터 북상 효과라고 말하는 군사전문가도 있다. 개성공단은 북한군 움직임에 대한 조기경보체제에도 도움이 된다. 개성공단을 통해 북측 사회로 유입되는 외부세계의 충격은 김정일 체제가 치르는 또 다른 비싼 대가다. 하루 2달러에 못 미친다는 임금은 북한 사회에서는 상당히 고임금이다. 그 중 30퍼센트 가량을 사회보장비로 북한 당국에 낸다지만 그 나머지만으로도 다른 근로자들보다 훨씬 나은 수입이라고 한다. 작업량이나 시간이 가혹한 것도 아니다. 개성공단은 북측 근로자들에게 보다 나은 삶의 기회를 제공하고 있다. 그래서 '개성드림' 이란 말도 나온다. 인권특사가 이를 외면한다면 미국을 대표하는 그의 인권 기준이 무엇인지 궁금해진다. 그의 주장은 김대중 정부 시절부터 우리 국민의 지지와 성원 속에 추진돼 온 개성공단사업을 부정하는 것이다.

제 4 부

우리 안의 오리엔탈리즘

NEW · MYTHS · OF · ORIENTALISM

1. '386 전향자' 들의 자유주의연대, 네오콘의 아류?
2. 오피니언 칼럼, 붉게 물든 '그들만의 공론장'
3. 보수 지식인, 역사 '보수(補修)' 작업에 나서다
4. 한승조와 그 아류들이 움직인다
5. 종교적 파시즘이 춤을 춘다

"38선은 자유와 구속, 선과 악을 갈라놓는 역할을 하는 선이다."

– 존 볼튼[89]

미국 네오콘들과 일본 극우파 세력들이 세계지배 전략을 위해 자신들의 제국주의적 헤게모니를 확대 재생산하고 있는 가운데, 국내에서도 보수적 지식인들과 종교인들, 그리고 퇴역군인 및 종교계 단체들의 이에 대한 동조기류가 강해지고 있다. 에드워드 사이드의 '오리엔탈리즘' 개념을 빌리지 않더라도, 미국과 일본은 우리를 물리력으로만 지배한 것이 아니라 정신적으로도 지배하였다. 제국주의 시대가 막을 내린 지 오래지만, 그 잔재는 우리의 일상을 여전히 장악하고, 퇴행적인 사고를 강요하고 있다.

---

89 존 볼튼, 〈북한: 미국에 대한 도전과 대한민국〉(한미협회에 올린 논평, 2002. 8. 29). 네오콘의 대북강경파로, 부시 행정부의 군축 및 국제안보담당차관을 거쳐 현재 유엔주재 미국대사로 있다.

이 같은 우리 안의 오리엔탈리즘을 부추기는 보수적 지식인들은 뉴라이트라는 정치세력으로, 논객이라는 이름으로, 또는 종교인의 이름으로, 아니면 대학교수라는 이름으로 전방위적 활동을 하고 있다. 그들의 '미다스 손'에 의해 일본의 제국주의적 식민이 조선 근대화로 미화되고, 친일파 박정희가 구국주의자로 변신되며, 미국은 절대적 선의 국가로 자리 잡고, 통일 및 민주화 진보세력은 친북 · 좌파 · 반미세력으로 매도된다.

그들은 과연 어떤 지식인들인가? 일찍이 지식인의 역할에 회의적이었던 안토니오 그람시는 사회계급으로부터 독립된 자율집단으로서의 지식인이라는 관념은 허구라고 했다. 그에 따르면 지식인은 문필가, 과학자, 성직자 등 전통적인 직업 지식인과 특수한 사회계급의 두뇌이자 조직자로서 유기적 지식인으로 나뉜다. 그람시의 분류로 볼 때 한국의 오리엔탈리스트들은 어느 쪽일까? 나의 생각으로는 어느 쪽도 아니다. 그들은 지식 전달자나 사회계급의 두뇌가 아니라, 오로지 '그들만의 공론장'에서 독재와 식민의 향수 또는 자신들의 극단적 이기심을 결합한 파시즘을 표출할 뿐이다. 강준만 교수(전북대)는 한국 사회에는 국수주의 지도자, 숭배군사주의, 광신적 반공주의, 신화적 세계관 등의 요소를 지닌 유사 파시즘이 존재하며, 이 한국형 파시즘의 주체와 권력 행사 방식이 매우 독특해 이를 '부드러운 파시즘'이라 명명한 바 있다.[90] 강준만 교수의 말을 믿고 싶지는 않지만, 근래 들어 그가 지적한 '부드러운 파시즘'이 도처에

---

90 강준만, 『부드러운 파시즘』, 인물과사상사, 2000.

출몰해 우리 사회를 흑백논리와 색깔론으로 뒤덮고 있다. '386 운동권 전향자' 들이 좌파정권 타도와 진정한 우익 정신의 고취를 구호로 내세워 '자유주의 연대' 라는 이름으로 결사(結社)하더니, 그 뒤를 이어 개신교 목사를 비롯, 보수언론의 논객들, 퇴역 관료들, 심지어 유신 및 군부독재 시절 민주화 탄압에 앞장섰던 인사들조차도 뉴라이트 간판을 내걸고 있다. 그들은 미국 민주당 정권에 연거푸 패배 당한 보수세력들의 무기력증을 딛고 조지 W. 부시의 정권 1, 2기를 창출한 네오콘 세력의 성공 드라마를 벤치마킹하고 있다. 물론, 그들 중 일부는 일본식 뉴라이트 운동을 통해 정권 재창출에 성공한 고이즈미 내각의 교훈을 말하기도 한다. 그래서인지, 남북관계 등 한반도 문제와 동아시아 문제에 관한 그들의 시각은 미국 네오콘 세력 및 일본 우익세력의 그것과 흡사하다. 뉴라이트 세력은 지금의 대한민국 상황을 친북 · 좌파세력의 공세로 인해 언제 적화통일될지 모를 절체절명의 위기로 진단하고 있다. 언뜻 보면 그들의 뉴라이트 운동은 지금 미국 네오콘들의 이데올로기 전쟁과 공통점이 있지만, 내용은 천양지차다. 미국 네오콘들의 뉴라이트 운동은 미국 사회의 정체성 혼란과 자본주의의 위기를 극복하기 위한 올드라이트(보수주의)에 대한 반성에서 시작되었지만, 한국의 뉴라이트 운동은 연속적인 집권 실패와 4.15 총선으로 의회권력마저 상실하면서 영구적인 선거패배로 이어지지 않을까 하는 상실감과 위기의식에서 출발한 친보수세력의 반격의 의미가 크다. 쉽게 말하자면, 보수세력이 얼굴에 형광빛 색칠을 하고 뉴라이트를 자처하는 셈이다.

이를 증명하듯, 한국의 뉴라이트 세력들은 한나라당과 보수우익

단체들이 주최하는 행사장에 자주 등장해 2008년 대선에서 한나라당 승리를 위한 전략과 전술을 조언해 주는 일이 부쩍 잦다. 마찬가지로 한나라당 인사들도 이들의 행사에 자주 얼굴을 내밀어 친밀감을 과시한다. 실제로, 한때 노동운동가에서 정치인으로 전향한 김문수 의원은 경기도지사 한나라당 후보 경선에 나서면서 자신을 '뉴라이트'라고 규정했다.[91]

뉴라이트 세력은 구성원들의 성향과 지향점에 비춰 크게 세 가지로 분화돼 있다. 이중 가장 주도적으로 활동하는 이들은 자칭 '좌에서 우로 전향한 운동권' 출신 세력들이다. '자유주의연대'는 주로 1980년대 민중해방파(PD)와 주사파(NL) 인물이었던 소장파 연구자와 보수적 시민단체 활동가 그룹이 주도하고 있다. 두 번째는 기독교 시민단체를 들 수 있다. 김진홍 목사, 손봉호 총장, 옥한음 목사, 서경석 목사를 중심으로 한 기독교 세력들이 기독교적 신앙을 바탕으로 자유민주주의와 시장경제 가치 옹호 등의 명분을 내세워 뉴라이트 운동을 펼치고 있다. 한국의 보수 기독교세력이 뉴라이트 운동에 나서는 것은 미국 네오콘 이념이 남부 개신교회의 절대적인 지원과 영향 하에 확산됐다는 점에 비춰볼 때 의미심장하다. 세 번째는 참여정부에 비판적인 보수적 지식인 그룹을 들 수 있다. 유석춘(연세대), 제성호(중앙대), 박효종(서울대), 조전혁(인천대) 등 교수 지식인들이 각종 뉴라이트 모임에서 이론적 틀을 제시하기도 하고, 뉴라이트 단체 설립에 직접 참여하기도 한다.

91 〈매일경제〉, 2006. 4. 3.

다양한 분파가 모인 보수세력들은 최근 들어 뉴라이트 간판을 달고서 국민적 지지기반 확대를 위해 미국 네오콘들이 담론의 헤게모니 재탈환을 위해 오랫동안 추진해 온 선전전(宣傳戰) 구축전략을 벤치마킹하고 있다. 미국 네오콘들이 기업과 개신교의 지원 속에서 싱크탱크, 대학, 언론, 여론매체를 하나씩 장악해 나감으로써 레이건의 신보수주의 시대를 열었고, 그 후 부시 정권을 탄생시켰듯이, 한국의 뉴라이트 세력들도 최근 전국경제인연합회 등 경제단체와 일부 개신교세력의 지원 속에 각 대학 등에 산하조직을 빠른 속도로 구축하고 있다.[92]

그런데, 한국 보수지식인 사회의 담론에서 상식적이면서도 놀라운 사실은 이들 뉴라이트 세력의 주장이 종종 미국 네오콘 세력 및 일본 우익세력의 목소리와 유사하다는 점이다. 근거 없는 색깔론과 유아독존적 시각, 이분법적 단순논리, 권력에 대한 강한 향수와 의지, 호전적인 자세, 사실무근의 단정과 비약 등이 그러하다.

이제, '386 전향' 뉴라이트 세력을 비롯, 보수 언론의 논객 그룹인 '미디어 지식인들', 일본의 극우 역사왜곡단체인 '새역모(새로운 역사를 만드는 모임)'와 닮은꼴인 '교과서포럼', 그리고 친일파 세력과 기독교 근본주의 세력 등이 휘두르는 거대한 담론권력의 실체를 살펴보도록 하자.

92 비운동권 세력을 자처하는 뉴라이트 계열의 학생들이 경북대, 고려대, 경희대 등 총학생회장 선거에 잇따라 입후보하는 등 세력을 확대해 가고 있다.

뉴라이트, 네오콘의 아류?

정치이념상 자유주의와 보수주의는 상극이지만, 공교롭게도 뉴라이트의 자유주의와 네오콘의 보수주의는 너무나 많은 닮은꼴을 갖고 있다. 이는 뉴라이트 세력이 네오콘 세력의 이념과 전략을 계승한 탓이기도 하다. 이들 두 세력은 출신성분에서부터 정치철학, 경제정책까지 대부분의 특징을 공유하고 있다. 정치이념 역시 뉴라이트의 자유주의가 힘 있는 자들의 자유를 말하고, 네오콘의 보수주의가 본질적으로 국제주의적, 엄밀히 말하자면 제국주의적 헤게모니를 지향하고 있어 아주 유사하다.

좌파에서 우파로, 화려한 전향 경력

뉴라이트와 네오콘을 비교할 때 첫눈에 들어오는 동질성은 이들의 전향 경력이다. 김영환, 신지호, 홍진표 등 뉴라이트 주도 세력들은 한때의 좌익 운동가에서 우익 지도자로 화려하게 변신했다. 어빙 크리스톨, 진 커크패트릭, 노먼 포도레츠, 에버슈타트 등 네오콘의 핵심 인사들도 역시 한때는 자유주의자이거나 트로츠키주의자였다.

반(反)자유주의, 반대중민주주의, 친엘리트적 정치철학

네오콘 세력과 뉴라이트 세력은 정치철학에서도 흡사하다. 네오콘의 정신적 지주라고 할 수 있는 레오 스트라우스는 홉스와 마키아벨리를 신봉하는 반(反)자유주의, 반대중민주주의, 친엘리트, 친시오니스트적 사상을 가진 철학자였다. 물론 네오콘이 대중민주주의를 혐오하는 것은 오랜 '보수주의' 의 전통과 맞물려 있다. 한국의 뉴라이트는 스스로 '자유주의' 를 표명하고 있으나, 경제적 신자유주의를 주장할 뿐 정신적 자유주의에 대해선 네오콘 이상으로 억압적이다.

'인권' 을 명분으로 내세운 무력 사용

네오콘과 뉴라이트는 모두 '인권' 을 주창한다. 네오콘은 지구상에서 '폭정의 종식' 을, 뉴라이트는 북한 주민들의 인권 해방을 주장한다.

그러나 그들은 모두 이를 위해 '힘' 의 사용을 주장한다. 네오콘은 아프가니스탄 공습, 이라크 전쟁 등 군사력 동원시 국제연합(UN) 등 국제기구의 동의를 중시하지 않았다. 체니 부통령은 "UN은 21세기 불량국가의 도전에 제대로 대응할 수 없다"며 UN 무용론을 주장하기까지 했다. 그들이 믿는 것은 '공허한 협상' 이 아니라 구체적 힘의 실체다. 레오 스트라우스와 함께 네오콘의 정신적 지주로 불리는 월스테터는 공산주의에 승리하기 위해서는 핵 억제 전략만으로는 불충분하며, 한국의 뉴라이트 역시 전쟁을 통해서라도 북한주민을 해방시켜야 한다고 주장한다.

기독교 근본주의와의 밀월관계

네오콘 세력과 뉴라이트 세력 주위에는 종교의 언어를 정치적 구호로 외치는 기독교 근본주의 세력이 있다. 네오콘 세력이 이른바 '바이블 벨트' 라고 불리는 미 남부지역 침례교도들과 긴밀한 유대관계를 맺고 있는 것처럼, 한국의 뉴라이트 세력 중에는 김진홍, 서경석 등 개신교 목사들이 대거 포진해 있다. 미국이나 한국의 기독교 근본주의 세력들은 하나님의 이름으로 '악의 축' 인 북한 정권을 무너뜨려 북한 주민들을 해방시켜야 한다고 굳게 믿고 있으며, 냉전 시절부터 지금까지 공산주의에 대해 극도의 혐오감을 갖고 있다.

구(舊)우파와 짝 맺기

이밖에 네오콘과 뉴라이트의 동질성은 구우파에 편승하는 전략이다. 네오콘과 뉴라이트 세력은 현실 대중정치에서 자생력이 거의 없다. 그래서 자신들이 비판하는 구우파에 편승하여 자신의 이익을 추구한다. 네오콘의 주요 인사들은 대부분 백악관, 학계, 연구소, 언론 등에 흩어져 행정부의 고위관리들과 공생한다. 뉴라이트 역시 단독으로 정치세력화 하는 것은 거의 불가능한 게 현실이다. 2007년 대선을 앞두고, 뉴라이트 세력은 박근혜 한나라당 대표나 한나라당 외곽의 이명박 서울시장, 또는 제3의 정치인 중 누구와 공생해야 될지를 놓고 내부 논란 중이다.

네오콘을 숭배하는 뉴라이트

이처럼 뉴라이트와 네오콘은 닮은꼴이 많지만 차이가 나는 것도 있다. 세계 최강대국 미국의 권력을 장악한 네오콘이 자국의 이익 추구를 위해 총력을 발휘하고 있는 반면, 뉴라이트는 올드라이트가 즐겨 사용한 흑백논리식 색깔논쟁에 의존해 정치적 야심을 키우고 있다. 특히 뉴라이트는 미국에 대해 자신들이 그렇게 비난하는 올드라이트보다 훨씬 더 '굴종적인' 모습을 보여준다. 한국의 보수 집권세력이 미국에 굴종하면서도 가끔씩 자신의 목소리를 낸 것과는 달리, 뉴라이트는 네오콘들과 부시 행정부의 대외정책, 특히 한반도 정책을 추호의 의심도 없이 절대 숭배하고 있다.

1_ '386 전향자' 들의 자유주의연대, 네오콘의 아류?

"저기 적이 있다고 소리치는 놈, 그놈이 바로 적이다."

—B. 브레히트

최근 들어 우리 사회에서 가장 강력한 담론권력 중 하나로 등장한 '386 전향자' 들은 2004년 11월 24일 출범한 뉴라이트 단체 '자유주의연대' 에서 주로 활동 중이다. 이들은 보수언론의 지원을 받으면서 사회 각 분야에서 색깔논쟁의 불씨를 당기고 있다. '자유주의연대' 에서 활동 중인 '전향 386' 은 신지호, 이동호, 최홍재, 최희섭, 한기홍, 허현준, 홍진표 등이 대표적이다. 이중 PD(민중민주) 계열인 신지호 대표를 제외한 나머지는 1980년대 NL 주사파의 핵심으로 활동했던 사람들이다.

'자유주의연대' 가 가장 먼저 식상한 우파(라이트)에 '뉴' 라는 접두어를 접목해 이목을 집중하자, 올드라이트까지 '뉴' 라는 간판으로 바꿔 달 정도로 뉴라이트를 표방하는 세력들이 우후죽순 늘고 있다.[93]

뉴라이트를 처음으로 내세운 신지호 '자유주의연대' 대표 등은 올드라이트 배제를 주장한다.[94] 구(舊)우파는 극복의 대상이지 연대할 수 있는 세력이 아니라는 것이다. 신 대표 등은 한나라당이나 자민련 등 기성 정치권에 몸담았던 인사들이 뉴라이트에 가세하는 것도 배격해야 한다는 입장이다.

그는 김진홍 목사의 '뉴라이트 전국연합'이 올드라이트의 복제로서 뉴라이트의 짝퉁이며, 유석춘 교수의 '뉴라이트 전국연대'에 대해선 정치권과 유착되어 있다고 비판한다.[95] 반면 김진홍 목사와 유석춘 교수는 각각 '자유주의연대'에 대해 엘리트주의와 순혈주의에 집착한다고 비난한다. '뉴라이트 전국연합'과 '뉴라이트 전국연대'도 서로에 대해서 각각 지나치게 정치적이고, 콘텐츠 없는 전국조직이라고 지적한다. 분명한 사실은 이들 대부분이 반공과 숭미, 국가주도의 성장우선주의, 신자유주의를 기본 골격으로 하고 있다는 점에서 공통적이라는 점이다. 물론 '자유주의연대'의 활동 목표에 실용적 보수주의와 개인주의, 연미자주(連美自主), 질서자유주의를 근간으로 보수를 재건하려는 계획이 없는 것은 아니지만, 지금까지 반대세력에 대한 공격에만 치중해 온 그들의 행적으로 볼 때 구우파와 대동소이하다는 느낌을 주고 있다.

그런데 한때 좌파였던 이들이 왜 스스로를 뉴라이트라고 지칭하는

93 '자유주의연대'가 출범하기 전, 〈동아일보〉는 2004년 11월 '뉴라이트 시리즈' 기사를 게재하여, '뉴라이트'라는 용어를 일반화시켰다. 이와 관련, 신지호는 〈동아일보〉와의 인터뷰(2004. 11. 24)에서 고마움을 표시했다.

94 신지호, 〈동아일보〉 인터뷰, 2004. 11. 24.

95 김진홍, 〈월간조선〉 인터뷰, 2005년 7월호.

것일까? 이 점에 대해 친 뉴라이트 성향의 김수영은 전향자들의 이론학술지인 〈시대정신〉에서 뉴라이트의 가치를 이렇게 설명한다.[96]

첫째는 이들의 '투철한 역사관' 이다. 이들은 과거 좌파들이 대한민국 건국의 정통성을 부정 내지 경시하고 나아가 박정희로 대변되는 근대화 세력의 업적을 과소평가한 데 반해 대한민국의 건국과 근대화 세력의 업적을 아주 높이 평가한다.

둘째는 이들의 '솔직한 전향 고백' 이다. '자유주의연대' 는 자신들이 과거 NL이든 PD든 사회주의자였음을 고백하고 이제는 이념적 자유주의로 전향하였음을 선언했다. 즉 과거에는 자신들이 민중민주주의 혁명 또는 사회주의 혁명을 추구했지만 이제는 자유민주주의와 시장경제를 추구하고 옹호함을 명백히 밝힌 것이다.

셋째, 대미관계에서 '한-미 동맹의 강조' 이다. 과거 좌파들이 주로 미국에 대해서 부정적으로 생각한 데 반해 우파들은 단지 안보적 측면만이 아니라 미국을 따라 배워야 할 모범국가(숭미)로 생각했다. 이에 반해 뉴라이트는 반공을 목표로 하는 한-미 동맹이 아니라 북한 인권, 민주화, 나아가 세계 민주화까지 생각하면서 한-미 동맹을 강조한다. 이는 인권, 민주주의 등 보편 가치를 옹호하는 선에서의 미국과의 동맹이기 때문에 엄밀히 말해 '용미(用美)' 라고 할 수 있다는 설명이다. 하지만 과거 냉전 시기 사회주의 진영에 맞선 자유민주주의 블록 내의 동맹을 계승하고 혁신한다는 점에서 우파적 뿌리

---

96 김수영, '한국의 좌우파들, 모두 새로운 출발이 필요하다', 〈시대정신〉 2004년 겨울 통권 27호.

라는 점은 의심의 여지가 없다는 것이 김수영의 지적이다.

그러나 임혁백(고려대) 교수는 '자유주의연대'에 대해 다음과 같은 이유를 들어 평가절하한다.[97] 첫째는 이념의 빈곤이고, 둘째는 구성원들의 호전적인 성향이며, 셋째는 정치권력과의 밀착 관계다.

그에 따르면 신지호 대표가 '자유주의연대' 창립대회에서 발표한 한국 뉴라이트 운동의 출범사는 한나라당 여의도연구소의 박세일 프로젝트를 거의 그대로 옮긴 것에 불과하다.[98] 그런데 문제는 박세일 프로젝트를 옮겼다는 데 있는 것이 아니라 그 내용의 상당부분이 이미 현 정부에 의해 실현되고 있거나 추진되고 있다는 데 있다고 지적한다. 자유주의연대가 표방하는 질서자유주의, 상생의 자유주의, 공동체자유주의는 현 정부의 국정목표인 '더불어 사는 균형발전 사회'와 성장과 분배의 선순환, 혁신과 통합에 이미 녹아 있으며, '성찰적 민주주의(deliberative democracy)'는 현 정부의 '토론공화국', '토론 민주주의'에 포함되어 있고, 법치주의는 참여정부의 국정 원리인 '원칙과 신뢰'의 다른 표현일 뿐이라는 것이다. 말하자면 '자유주의연대'는 이데올로기적 차별성을 보이지 못하고 있으며, 그들이 표방하는 이념과 목표는 이미 현 집권세력에 의해 선점되어 있다는 지적이다. '자유주의연대'는 자유주의와 질서자유주의, 공동체주의를 같이 사용함으로써 그들이 표방하는 이념이 무엇인가에 대

97 임혁백, '한국의 뉴라이트 배경과 전망', 〈관훈저널〉 2004 겨울호, p.165.

98 신지호, '선진화의 길, 자유주의', 자유주의연대 창립식 및 기념토론회 주제발표문 (2004년 11월 23일).

한 혼란을 부추기고 있다고 말한다.

아울러 '자유주의연대'의 면면을 살펴보면 그들이 실용적, 합리적 보수주의와 개인주의를 지향하는 안정희구적 젊은 보수세대를 대변하기에는 지나치게 이념적이고 근본적이며 호전적이라는 지적이다. 전향한 좌파 지식인인 그들이 과거 '386 동료들'에게 칼날을 겨눌 때 '변절한 지식인'에 대해 인색한 유교적 정치문화 속에서 정치적으로 살아남기가 힘들 것이고, 더구나 구보수의 도덕성 결여를 비판하면서도 보수우익의 대표 논객(류근일)으로부터 창립기념 축사를 들음으로써 이미지 정치에서 실패한 셈이라는 것이다.

'반노비한(反盧非한나라당)'이라는 형식적 중립성을 유지하겠다는 공약과 달리, 현재까지 자유주의연대는 구보수를 혁신하기보다는 '386 정치인'에 대한 색깔논쟁과 현 정부에 대한 이념논쟁에 집중하고 있다. 이는 다른 나라의 '뉴(New)', 'Neo(네오)'가 내부의 비판적 성찰에서 출발한 것과 대조를 이룬다. 서구의 뉴레프트(New Left)는 스탈린주의에 대한 내부 비판에서, 영국의 신노동당(New Labor)은 블레어의 노동당 비판에서, 클린턴의 신민주당(New Democrats)은 민주당의 자기 비판에서, 일본의 '보수 신당운동'은 탈냉전, 글로벌 시대에 적응하지 못하는 자민당 정치에 대한 자민당 내부의 비판에서 출발하였으나, 한국의 뉴라이트는 현 정부와 '386 동료 정치인', 그리고 중도개혁세력을 마구잡이로 좌파로 규정하고 공격하는 외부비판에 주력하고 있는 것이다.

그들 가운데 가장 공세적으로 활동하는 신지호 대표의 지향점을 잠깐 엿보기로 하자.

신지호, 전향지식인의 '오만과 편견'

뉴라이트 운동을 가장 먼저 주창한 신지호는 '자유주의연대' 대표이자 서강대 공공정책대학원 겸임교수로 활동하고 있다. 그는 기고하는 칼럼마다 현 정권과 '386 동료' 정치인들을 반드시 척결해야 할 좌파세력이라고 주장하고 있다.

그의 현 정권에 대한 인식은 이렇다. "현 정권의 참여민주주의는 1980년대 운동권이 주창했던 민중민주주의의 노무현 버전이다. (노무현 정부의) 지배계급 교체, 기존질서 해체 등의 발상은 프롤레타리아 독재의 변종인 민중민주주의에서 비롯된 것이다."[99]

군사독재시절 민중민주주의 운동에 전념했던 그가 이처럼 180도 변신한 것은 그 자신은 인정하려 들지 않겠지만, 개인적 비극이자 우리 사회의 비극이다.[100] 대학졸업 후 지하 노동운동을 하다가 1990년대 초반에 갑자기 전향했던 그는 잠깐 경실련에서 서경석 목사를 보좌하다가 일본 유학을 다녀온 뒤 2004년 뉴라이트 운동에 본격적으로 뛰어들었다. 그는 보수언론이 가장 듣고 싶어 하는 목소리를 낼 줄 아는 센스 있는 논객으로 통한다. 그동안 '박정희 평가', '친일파 문제', '한미동맹', '동북아 균형자론', '남북관계', '북한 인권

---

99 〈동아일보〉 인터뷰, 2004. 11. 24.

100 '전향 386'들 중 거의 유일한 PD계열인 신지호는 대학 졸업 후 노회찬 · 조승수 의원 등과 함께 활동했으며 한국사회주의 노동당 추진위 울산 책임자였다. 그는 1992년 8월호 〈길을 찾는 사람들〉에 기고한 '당신은 아직도 혁명을 꿈꾸는가'에서 사상전향을 공개적으로 선언했다. 그는 "사회주의의 핵심이 사적 소유의 폐지에 있다면 장구한 역사발전이 있는 후라면 몰라도 앞으로 상당기간은 불가능하다"며 "따라서

문제', '통일문제' 등 우리 사회의 쟁점에 대해 그가 기고한 칼럼과 발언은 항상 보수언론의 부추김 속에 논쟁의 불씨를 지폈다. 이는 그가 항상 선명한 흑백논리와 선동적인 어법을 구사하는 탓이다.

일본에서 유학한 그는 자유주의연대 창립 선언문에서 "노무현 정권은 자학사관을 퍼뜨리며 과거와의 전쟁에 자신의 명운을 걸고 있다."고 발언해 〈오마이뉴스〉(2004. 11. 23)로부터 "아픈 역사를 성찰하는 것이 왜 자학사관인가"라는 비판과 함께 "일본극우와 쌍둥이"라는 공격을 받았다. 박정희의 산업화 실적을 숭배하는 그는 시사평론가 진중권이 한 인터넷 언론과의 인터뷰에서 '통일전쟁' 발언으로 논란이 된 강정구 교수 문제와 관련, "강정구식 인식은 박정희와 김일성 둘 중 하나를 편들라는 논리인데, 내가 왜 그 둘을 편들어야 하나, 둘 다 개 같은 인물인데 말이다."라고 언급하자 분노를 참지 못했다. 그는 우익매체인 뉴라이트닷컴과 데일리안에 반박 칼럼을 게재해 박정희의 권위주의와 김일성의 전체주의를 구별 못하는 진중권의 반지성적 언동에 격분한다면서 "만에 하나 박정희 전 대통령이 개라면 진중권은 개똥을 먹고사는 파리"라고 비난하기도 했다.

뿐만 아니라, 그는 자신이 존경하는 박정희 대통령의 딸 박근혜 한나라당 대표의 초청을 받아 참석한 2006년 3월 30일 한나라당 의

그것을 신봉하지도 행동에 옮기려고도 하지 않을 것이기 때문에 나는 사회주의자가 아니다"라고 밝혔다. 이후 그는 경실련에 들어가 정책파트에서 활동하며 서경석 목사를 보좌했다. 이어 일본으로 건너가 게이오대에서 국제정치학을 전공한 뒤 삼성경제연구소 북한연구팀 수석연구원과 한국개발연구원(KDI) 북한경제팀 초빙연구위원을 지냈다.

원수련회에서 "한나라당은 2007년 대선 실패 땐 당을 해체해야 한다"면서 애정 어린 질책을 아끼지 않아 정치적 지향점을 분명히 했다.[101] 그는 "한나라당은 자율개혁이냐, 타율해체냐의 기로에 서 있다"면서 "정부 여당의 계속되는 실정과 뉴라이트 등장을 계기로 시대의 물줄기가 우선회하고 있는 가운데 맞이하는 2007년 대선은 국민이 부여한 마지막 기회로, 또다시 대선에 실패하면 한나라당은 삼진아웃, 즉 당 해체가 불가피하다"고 주장했다.

보수야당과 보수언론의 지속적인 추파를 받고 있는 그는 현재 뉴라이트 운동 세력 중 가장 폭넓은 대중성을 확보하고, 한나라당이라는 권력에 가까이 있다. 그런 그가 얼마 전 〈조선일보〉에 기고한 '시민운동을 검증하라' (2006. 4. 2)는 칼럼에서 자신의 이런 정체성을 부인하는 듯한 발언을 해 적지 않은 논란을 일으켰다.

> "(…) 근년 한국의 시민사회를 대표해 온 NGO들의 활동을 보면 '아직 멀었구나' 라는 생각을 지울 수 없다. 겉으로는 '시민운동의 순수성' 과 '정치적 중립성' 운운하면서 정치권력과 밀착하여 코드 인사의 수원지(水源地)가 되고 심지어 홍위병 논란까지 불러일으키고 있다. 조변석개하는 여론이 아닌 공론을 중시해 '성찰적 민주주의' 의 실현에 앞장서야 할 본연의 임무를 내팽개치고 특정 이익집단과 밀착해 '목소리 큰놈이 이긴다' 는 고성불패(高聲不敗) 신화창출에 기여하고 있다. (…) 그렇다면 야당 NGO들은 어떠한가. 뉴라

101 〈연합뉴스〉, 2006. 3. 30.

이트 등장 이후 참으로 많은 단체가 깃발을 올리고 있다. 어떤 이들은 '우파의 르네상스'라며 반기고 있는데, 정말 그럴까? 깃발만 올리고 바로 개점휴업에 들어가는 대표자 명함용 단체, 빈약한 내실을 가리기 위해 유명정치인을 초청해 화려한 '언론발'로 허장성세하는 얄팍함 (…) 자신이 주도권을 잡지 못할 바에야 차라리 '깽판'을 놓겠다는 소아병…. 좌건 우건 현재 한국의 시민운동에는 삼류가 즐비하다. (…)"

이에 대해 보수우익 인터넷 매체인 〈독립신문〉의 정창인 주필 같은 사람은 "신지호의 글은 오만과 편견으로 가득 차 있는데다 지나치게 포퓰리즘적이며, 그가 말하는 삼류 시민운동이 자신을 지칭하는 것은 아닌지 반성해 봐야 할 것"이라고 비판했다. 그에 따르면 국가정체성을 지키려는 자유애국세력이 뭉치는 게 그 어느 때보다도 시급한 이때에 '뉴'니 '올드'니 하면서 배타적 폐쇄적으로 편을 가르는 것이야말로 근본주의의 오류를 범하는 것이라는 지적이다. 뉴라이트 운동가 신지호가 극우 매체라는 평을 듣는 〈독립신문〉의 주필로부터 근본주의적 오류를 비판받은 것은 '자유주의연대' 출범 당시 〈오마이뉴스〉에 의해 "일본 극우와 쌍둥이"이라고 지적받은 것과 무관치 않아 보인다.

뉴라이트 운동의 대표주자인 자유주의연대는 어떤 길을 갈 것인가? 이나미 고려대 강사는 "보수주의자는 결정적인 순간에 잘 뭉친다"면서 "뉴라이트는 올드라이트와 다르다고 하지만, 당분간 반북,

반전교조, 반한총련 같은 반(反)운동을 벌이다가 2007년 대선이 다가오면 뭉칠 것"이라고 지적한다.[102] 궁극적으로 자유주의연대 세력은 한나라당의 내부개혁이 시도되었을 때 개혁적 이미지를 보태주는 청년조직으로 흡수될 가능성이 높을 것이라는 전망이다.

그러나 그들이 기존 보수세력들로부터 환골탈태하려는 노력은 하지 않은 채, 민주화의 성장기에 접어든 우리 사회에 친북 · 좌파 · 반미의 빨간 밑줄을 그으려 한다면, 자신들이 바로 극우보수세력임을 드러내는 것이다.

102 한국사회포럼 2006(2006년 3월 23~25일)

2 _오피니언 칼럼, 붉게 물든 '그들만의 공론장'

"미디어의, 미디어에 의한, 미디어를 위한 정신으로 무장된 이 '미디어 지식인'을 과연 진정한 의미의 지식인이라고 볼 수 있을까? (…) 내가 미디어 지식인이라는 딱지에서 말하는 '미디어'는 지식인들의 전통적인 무기라 할 책이나 자신들이 통제권을 행사할 수 있는 작은 잡지 따위를 가리키는 것이 아니다. 매스미디어, 그것도 주로 '거대신문' 또는 '비대신문'을 말한다."

– 강준만[103]

한국의 근 · 현대사에서 요즘처럼 지식인들이 거대 언론에 집단적으로 등장해 권력의 '좌파성'을 비판하고, 대한민국의 적화 위험성을 경고한 적은 드물다. 집단적으로, 그것도 지배적 공론장을 갖고 있는 특정 매체에 같은 목소리를 내는 것은 단순한 의견이 아니다. 미셸 푸코의 말대로, 한 언어학자가 광고담론이라고 말할 때 그것이 의미하는 것은 단순히 말하기 또는 글쓰기의 주제에 관한 형식적 표현이지만, 사회과학자들이 담론을 말한다면 그것은 단순한 구술적인 의사소통의 측면과는 전혀 다른 의미, 권력에 대한 강한 의지를 내포하는 셈이다.[104] 이런 점에서 우리 '지식인'들이 지식인의 전통

103 강준만, 『대중매체 이론과 사상』, 개마고원, 2003.

적인 무기인 책이나 학술잡지가 아닌 거대한 보수언론을 버팀목으로 삼아 '담론 권력'을 휘두르는 것은 '권력에 대한 강한 의지'로 읽힌다.

한국 사회에서 민주화 이후 언론의 정치적 의제 설정 역할은 두드러지게 커졌다. 그만큼 언론의 문제의식과 담론 방향은 한국 정치를 결정하는 데 중요한 역할을 하게 되었다. 물론 인터넷, 대안언론 등이 확산되면서 전통적 언론 정치구조에도 새로운 변화 조짐이 보이고 있지만 아직까지는 전통적 주류 언론이 사회담론의 의제설정을 주도하고 있다. 김대중 정권에 이은 노무현 정권이 거대 보수언론과 의제설정을 위한 치열한 담론 경쟁을 벌이면서 긴장관계를 유지하고 있으나, 분명한 사실은 민주화 이후 정권에 의한 일방적인 언론 동원기제가 해체 또는 약화되면서 정치의제화의 주도권이 정권에서 언론으로 이동했다는 점이다. 언론의 자유로운 의제 선택이 정책 향배에 결정적 영향을 미치는 변수가 되었고, 그만큼 언론 권력의 위상은 강화되고 있다.

더욱이 민주화 이후 신문 성향에서 차별성이 두드러지면서 거대 신문들의 수구 보수적 성향은 더욱 강화되고, 보수 지식인들 역시 과거의 '어용교수'라는 딱지로부터 벗어나 자신들의 정치적 성향을 마음껏 드러낼 수 있게 되었다. 이는 민주화 이후 오히려 수구 보수 언론들의 '담론 권력'이 더욱 강화된 이유이기도 하다. 기존 권력 카

104 셸리 월리아, 『에드워드 사이드와 글쓰기』, 김수철 · 정현주 옮김, 이제이북스, p.38, 2003.

르텔의 구심점이었던 정권의 교체로 인해 권력의 금단현상과 위기의식을 동시에 느낀 '지식인' 들 중에 신경질적 반응을 노골적으로 드러내는 이도 적지 않다.

유석춘 교수(연세대)는 정권교체를 통해 기존의 정통이 이단이 되고, 이단이 정통이 되었다고 푸념한다.

> "사회적 소수집단의 생각과 표현방식이 '이단(heterodoxy)' 에서 '정통(orthodoxy)' 으로 위치를 바꾸면서 편 가르기와 대립이 시작되었다. 수평적 정권교체라는 한국 역사 초유의 실험이 성공하자 과거의 이단은 정통이 되었고, 거꾸로 과거의 정통은 이단이 되었다."

유석춘 교수의 말이 시사하듯, 이들 주류 '미디어 지식인' 들의 사고에는 유신시절과 군부독재 등 '비정상 정권' 을 '정통' 으로 보는 반면 민주적 투표를 통해 등장한 '정상적 정권' 을 '이단' 으로 간주하는 이분법적 시각이 만연해 있다. 나름대로의 높은 학문 배경에도 불구하고 그들이 '정상' 과 '비정상' 을 뒤바꿔 보는 이유는 바로 그들 스스로가 규정한 '이단' 을 받아들일 수 없기 때문이다. 그래서 그들은 색안경을 낀 채 반대편 세력을 좌파적이고 친북적이며 반미적이고 과거사 청산 지상주의자라고 비난한다. 처음부터 그들은 지독한 '편견증후군' 을 앓고 있던 환자였던 셈이다. 그들은 자신들이야말로 민주주의자이고 자유주의자이며 권력의 횡포에 과감히 펜을 드는 참다운 지식인이라고 자부한다.

그들은 한국이 1980년대 전반까지만 하더라도 미국 · 일본 등 전통적 우방국가들과의 돈독한 관계 속에서 놀라운 성공을 거뒀는데, 1990년대 후반 김대중 정권이 들어서면서 좌익세력들이 준동하기 시작하고, 급기야 2002년 노무현 좌익정권의 출범과 함께 좌익세력 세상이 되었다고 한탄한다.

그들이 좌익세력과 애국세력을 구별하기 위해 가장 많이 동원하는 리트머스는 한미동맹이다. 그들에게 있어 가장 바람직한 한미동맹은 영원불변의 고착화된 수직관계, 또는 상하관계다. 행여 탈냉전과 글로벌시대의 국제관계에 걸맞게 한미관계의 발전을 모색할라치면, 그 모든 것이 미국의 심기를 거스르는 반미와 반미주의로 비쳐질 뿐이다. 그들은 마치 전가(傳家)의 보도(寶刀)처럼, 자신들의 마음에 들지 않으면 가리지 않고 '빨간 물감'을 칠해 댄다. 이들 미디어 지식인이 주로 활동하는 보수언론의 오피니언 공간은 대개 신문 두 쪽에 불과하지만, 언론 지식인과 교수 지식인 집단 간의 야합 공간이자 담론 권력의 발현 장소로서 손색없다. 또한 이 공간은 학연과 지연과 온갖 개인적 연줄관계가 교차하는 곳이기도 하다.

김만흠 교수(가톨릭대)가 분석한 7대 중앙일간지 칼럼 연구를 살펴보면 국내 언론의 '오피니언 공간'은 특정 지역과 특정 대학 출신의 칼럼니스트들이 집중 선택되고 배제된 연줄과 야합의 공간이다.[105] 전체 필진의 53.7퍼센트가 서울대 출신이고, 60퍼센트가 미국 박사 출신이며, 경상도 출신이 38.8퍼센트에 달했다. 특히 조선 · 중앙 ·

105 김만흠, 논문 〈한국의 정치 언론과 지식인〉, 2001.

동아 등 이른바 '조중동' 이라고 불리는 보수신문들의 경우 이보다 훨씬 높은 수치를 보였다. 지역감정이 첨예한 한국 사회에서 이들 '조중동' 의 칼럼니스트 가운데 경상도 출신이 41~49.4퍼센트에 달하는 반면, 호남 출신이 기껏 7~8퍼센트 수준에 불과한 것은 언론사의 태생적 지역구도와 무관치 않아 보인다. 이른바 '전라도 정권' 으로 비하하던 김대중 정부 들어 정치권 주변의 전라도 인사 편중이 수구언론들로부터 공격받았으나, 정작 수구언론 안에서 벌어진 '담론권력' 의 지역 편중 현상은 오히려 더 심각한 양상을 드러낸 것이다. 외부 기고문은 전적으로 언론사의 선택에 의해 결정되고, 그 내용이 거의 해당 언론사의 편집 방향과 일치하기 때문에 이 같은 편중 현상을 우연이라 말할 수 없다. 상식적인 이야기이지만, 한국 사회의 권력구조는 정권교체를 통해 정치권력만 '이단' 이 주도하고 있을 뿐, 권력의 기반과 재생산 기제는 여전히 예전의 구조 그대로이다.[106]

이처럼 우리 사회는 민주화를 통해 '정치권력' 과 '경제권력' 에 의한 소통 장애는 극복되고 있지만, 우리의 정신을 지배하는 '문화권력' 은 더욱더 정교하게 공론장을 위협하고 있다. 호르크하이머와 아도르노가 일찍이 『계몽의 변증법』(1944)에서 근대의 자율적 공론장이 대중매체의 등장과 함께 해체됐으며, 현대문화와 여론이 거대 자본가들에 의해 제조된 상품으로 전락했다고 지적했지만, 이제 문제의 본질은 하버마스의 주장대로 자본과 권력과 노동 간의 전통적, 비공론적 갈등이 아니라 공론장 안에서의 갈등 심화라 볼 수 있

106 김만흠, 같은 글.

다.[107] 특히 상업적 보수언론의 '오피니언 공간'에서는 소통적 이성이 메마른 채 특정 '담론 권력들'의 극단적 이기심과 지연, 학연 등 연줄 메커니즘만이 작동하고 있는 것이다. 즉, 무늬만 공론(公論)이지, 실제로는 '이단'을 배제하고 차별하는 광기와 비이성의 공간인 셈이다. 이제 민주화 이후 한국 사회에서 그 어느 때보다도 막강한 '담론 권력'을 '전가의 보도'처럼 휘두르는 '미디어 지식인'들의 활동상을 잠시 엿보기로 하자.

삼총사, 다시 무대에 오르다

우리 사회의 마녀사냥식 담론 제기의 대부는 〈조선일보〉 논설위원을 지낸 류근일, 김대중과 〈월간조선〉 사장 출신 조갑제라고 할 수 있다. 이들 3인방은 독재 시절부터 민주화 이후 지금에 이르기까지 친북 · 좌파 · 반미세력을 척결하기 위해 한평생을 다 바친 논객들이다. 그들의 사상 검증작업으로 인해 김대중 전 대통령을 비롯한 수많은 민주세력들이 친북세력이나 빨갱이로 몰렸고, 심지어 광주민주화운동까지도 '북측의 사주를 받은 폭도들의 난(亂)'으로 뒤바뀌었다. 항상 오른쪽으로 기운 그들의 펜은 이 땅의 민주화 세력들에게 공포 그 자체였다.

비슷한 연령의 그들이 정년퇴임 등을 이유로 한때 뒤로 물러나 있

107 위르겐 하버마스, 『공론장의 구조변동』, 한승완 역, 나남출판, 2001(1961, 1990 증보판).

다가 얼마 전에 다시 무대 전면에 등장했다. 한동안 휴식을 취한 탓인지 '인식'의 지평선이 훨씬 넓어졌으며, 글발 역시 더욱 강하고, 매서워졌다. 김대중 전 대통령 등 특정 정치인들에 치중됐던 그들의 공격 대상은 제 남북관계와 한미관계, 개혁문제 등 거대 담론 문제로 확대 발전됐다. 물론 조갑제는 여전히 김 전 대통령이 좌파임에 틀림없다며 단행본 책까지 내면서 그 사실을 폭로하고 있다. 그러나 결론은 예전처럼 항상 '색깔론' 제기다. 평화와 인권, 약자 배려, 사회개혁 등은 애초부터 그들의 전공이 아니다. 또한 그들은 현실 정치에도 관심이 많아 뉴라이트와 수구 야당 한나라당의 세력 확대를 위해 칼럼을 통해서, 또는 직접 참여하는 방식으로 적극 나서고 있다.

그들의 뒤를 이어 보수언론들의 논객들이 뒤질세라 흑백논리와 색깔론 제기의 묘기를 선보이고 있지만, 아직 선배들의 실력에는 미치지 못하고 있다. 그래서인지, 근래 들어 보수언론의 오피니언 면에는 사변적이며 성찰적인 용어들보다는 적개심과 저주에 불타는 '정치적 언어'들이 난무한다. 흔히 이 세상의 모든 권력을 비판하는 것이 언론인의 사명이라고 한다. 그러나 논객들이 너도 나도 신성불가침한 언론의 이름으로, 특정 정파의 시각을 갖고서 '언론의 언어'가 아닌 '정치의 언어'를 구사한다면, 그 결과는 불을 보듯 뻔하다. 오늘날 신문의 위기가 그것을 말해준다. 돌아온 삼총사의 활동상을 잠깐 보도록 하자.

류근일, 전향 지식인들의 대부

2003년 2월 〈조선일보〉 주필직을 마지막으로 언론계를 떠난 류근일은 2004년 9월 '이대로 가면 망할 수 있다'는 칼럼으로 복귀했다. 예전보다 훨씬 더 선명한 흑백논리로 무장한 그는 〈조선일보〉 지면과 뉴라이트 세력의 각종 정치모임에 자주 등장해 초강경 발언을 쏟아내고 있다. 그가 근래 쓴 칼럼들만 해도 '이성 잃은 언동들'(2005. 12. 27), '사학법, 자유민주세력의 시험대'(2005. 12. 29), '김정일의 지령'(2006. 1. 10), '태극기냐 한반도기냐—그것이 문제로다'(2006. 2. 6), '이 한나라당 어찌할꼬'(2006. 3. 6), '양극화 이용하는 오렌지 좌파'(2006. 4. 3) 등 매카시즘의 전형적 어법이 동원되고 있다.

손석춘 〈한겨레〉 기획위원은 얼마 전 '조선일보 대통령선거 운동 착수'라는 칼럼에서 류근일의 '이 한나라당을 어찌할꼬'란 칼럼을 지목해 "조선일보가 2007년 대통령 선거운동에 착수했다."고 비판했다.[108] 류근일은 이 칼럼에서 보수야당에 대한 애정을 적나라하게 드러냈다.

"한나라당은 2002년에도 다 차려준 밥상을 받아먹지 못한 채 막판 곤두박질쳤다. (…) 이러다간 2007년에도 『해방 전후사의 인식』을 읽었을 때 피가 거꾸로 치솟았다는 사람들(좌파세력)이 또 득세하지 않으리라는 보장이 없다. (…) 지금까지 한나라당에 이런 불만이 있으면서도 사람들이 그런 대로 애써 참아준 것은 그나마 유력한 대안세력을 뒤흔들어 놓고 싶지 않아서였다."(2003. 3. 6)

108 손석춘, 〈한겨레신문〉, 2006. 3. 8.

현역 논설위원 시절 좌파 전문 공격수로 명성을 날린 류근일은 프리랜서로 바뀌고 나서부터는 문명사상가가 되어 한국의 미래를 어지럽히는 '저질 좌파'와 '저질 국민'을 준엄하게 꾸짖고 있다. 그의 표현대로, 한때 '철없는' 좌파에서 '사려 깊은' 우파로 전향한 류근일은 백치 같은 좌파들이 주도하는 한국 사회는 이제 중우(衆寓)의 시대가 끝나고 폭민(暴民)의 시대에 접어든 것으로 보고 있다. 정치인들의 선동이 팍팍 먹혀드는 것은 이런 사람들을 뽑은 국민들이 바보인 까닭이다. 우리 국민들은 선진국 국민 자격이 없다는 것이다. 그는 2005년 12월 〈월간조선〉과의 인터뷰에서 '저질' 국민들을 이렇게 비판한다.

> "한국은 심정적으로는 이미 내전 상황이야. 말의 단계를 벗어났어. 담론의 영향력이 더 이상 먹히지 않는 시대가 온 거지. '너는 지껄여라. 웃기네. 이건 뭐야. 나는 내 맘대로 한다. 인터넷에 흘러넘치는 욕설과 저주를 보세요. 토론이 먹혀들 자리가 있나. 공론이 형성될 수 없는, 토론과 대화가 먹혀들지 않는 시대가 왔다 이거죠."

그래서일까? 류근일이 애써 제기한 거대담론이 제대로 평가받지 못하는 경우가 있다. 민주언론운동시민연합(민언련, 이사장 이명순) 신문모니터위원회는 2004년도의 가장 나쁜 칼럼에 류근일의 복귀 칼럼 '이대로 가면 망할 수도 있다'(〈조선일보〉, 2004. 9. 2)를 선정했다. 2003년 3월 〈조선일보〉에서 정년퇴임한 류근일은 이 칼럼을 통해 다시 지면에 복귀했으나 시작부터 선명한 '색깔론' 제기로 민언련의 비판을 받았다. 그러나 이에 흔들릴 류근일이 아니다. 그의 펜은 더욱 예각을 세우고 있다.

방상훈 〈조선일보〉 회장의 말처럼 '조선일보의 보물단지' 였던 류근일은 이제 〈조선일보〉의 멘토(mentor)뿐 아니라 뉴라이트 세력의 멘토로서 '빨갱이 사냥' 에 여생을 다 바치고 있다. 이처럼 그가 뉴라이트 세력의 대부가 된 것은 '좌파 전향자' 라는 공통점 때문이다.

청년 시절 그의 이념적 좌표는 좌파였다. 그가 한국의 대표적인 극우 논객으로 언론인 생활을 마감했다는 사실을 감안하면, 대한민국 언론인 가운데 그만큼 이념의 진폭이 컸던 사람도 많지 않을 것이다.

전향 지식인들은 늘 '용사의 훈장' 처럼 자신의 운동권 시절을 자랑스럽게 늘어놓으며 '한때 좌파의 생생한 경험을 갖고 있기 때문에 좌파의 본질을 잘 알고 있다' 고 말한다. 류근일도 역시 기회 있을 때마다 자신의 운동권 경력을 자랑스럽게 언급한다.

그러나 고지훈과 고경일은 공저한 『현대사 인물들의 재구성』 인물평에서 "류근일의 전향 행적은 '노블리제 오무라이스(?)' 이며, '김일성주의 비판은 그의 알리바이 찾기' 에 지나지 않는다."고 비판한다.

류근일은 1957년 말, 서울대 문리대 2학년 시절 교지에 '우리의 구상' 이라는 글을 기고한 뒤 국가보안법 위반 혐의로 끌려간 재판장에서 다음과 같은 의견을 밝혔다. 그의 최후진술이 지금의 전향자 류근일을 설명해 줄 단서가 될지도 모른다. 다소 길지만 재판과정을 잠시 엿보도록 하자.

담당검사 이주식 류근일의 논문은 첫째 논문의 불온성과, 둘째 평화통일론을 주장한 점에서 국가보안법 위반이오.

피고 류근일 논문의 골자는 우리의 당면 문제가 대한민국을 부강시키는 데 있음을 전제하고 어디까지나 새로운 모습 또는 형(型)의 조국, 즉 사회민주주의를 지향하는 대한민국을 갈구했던 것이 사실이며, 그것은 나 개인의 학구적인 주장에 지나지 않는 것이었다. 그리고 평화통일 운운한 것은 잡담글에 나온 말임에 불과한 것임에도 이 문제까지 법의 재판을 받게 되었다는 것을 슬퍼한다.

재판장(서울지법) 유병진 사회민주주의란 무엇인가, 피고?

류근일 정치적 체제로 보아서는 자유민주주의와 같은 것이나 경제적 체제를 사회민주주의적으로 만들자는 것이다. 자유경제체제를 지향하는 현실을 배격하고 우리나라 헌법이 규정한 경제적 체제, 그 자체의 정신을 구체화시키고 실현하는 것이므로 결코 대한민국의 헌법을 파괴하거나 초월할 수 없음을 전제로 한 것이다. 도서관에서 두서없이 책을 꺼내 읽은 얕은 지식을 가지고 집필한 것이니 만큼, 그 논문이 나의 좁은 소견의 결과라고는 할 수 있을망정 어떤 새로운 정권수립을 위한 준비공작단계 운운의 조서내용은 나도 모르는 일이며 있을 수도 없는 일이다.

1958년 3월 21일 구형공판에서 검사는 기소장에 적힌 혐의에 따라 징역 2년형을 구형하고, 재판정은 류근일의 최후진술을 들었다.

류근일 오로지 향학열에 불탄 나머지 새로운 이론으로서의 세계관을 갖기 위해서였던 것인데 사회주의관에 대한 그릇된 판단에서 이런 결과를 가져온 데 대하여 잘못하였다고 생각되며, 나는 아직도 배우는 몸이니 앞으로도 학업을 계속하게 해주시면 감사하겠습니다.

김대중, 흑백논리의 대가

국가안전기획부(국정원의 옛이름)를 대신해 정치인 김대중의 사상검증 전문가로 명성을 날린 김대중 〈조선일보〉 고문은 자신의 표적인 김 전 대통령이 정치무대에서 물러났지만, 여전히 건재하다. 좌익세력이 준동하는 대한민국의 미래가 못 미더워 퇴장할 수가 없는 것이다. 김대중의 시각으로는 김대중 전 대통령의 후계자인 집권세력은 그렇다손 치더라도, 왜 농민들마저 들고 일어나 미국을 반대하는지 도무지 이해가 가지 않는다. 그는 얼마 전 이렇게 썼다.

"평택의 논두렁 진흙 속에서 '반미'를 외치며 발버둥치는 사람들을 보면서 우리 한국인은 왜 수십 년에 걸쳐 '미국'으로부터 헤어나지 못하는가 하는 장탄식을 하게 된다. (…) 우리 모두 '미국'이라는 마법에서 풀려날 때가 됐다. 반미만 외치면 자동적으로 진보가 되고 좌파가 되는 세상, 실리를 따지자고 하면 자동적으로 친미가 되는 세상, 입으로는 반미하고 뒤로는 미국화에 급급한 이중적인 세상—이 모두 우리가 미국이라는 마법에 걸려 있는 탓이다. 그 많은 한국의 젊은 열정들이 세계의 전선에 나가서 싸워도 모자랄 판에 '미국' 이라는 변수에 매달려 평택의 진흙구덩이에 뒹굴고 있기에는 우리 대한민국이 너무 바쁘고 아깝지 않은가." (2006. 04. 10)

김대중의 관심사는 최근 들어 저 멀리 북한 인권문제에까지 확장됐다. 군사독재 시절에는 민주화 세력을 좌익으로 내몰고, 민주화 이후에는 대통령들만 골라서 괴롭히던 그가 시선을 한없이 낮춰 북녘 땅 동포들의 인권문제에까지 관심을 갖게 된 것은 대단한 인식의 발전이다.

그의 코페르니쿠스적 인식 전환이 어떻게 이뤄졌는지 잠시 들여다보자.

"한국이 인권의 사각지대에 있을 때 그 탄압의 창끝에서 크게 신음하던 사람들이 오늘날 노무현 정권을 구성하고 있는 핵심세력이다. (…) 그런데 노 정권과 집권세력은 다수 국민의 믿음을 배신하고 있다. 유독 북한의 인권에 대해서는 눈을 감고 귀를 닫았으며 입을 다물고 있는 것이다. (…) 우리의 관심사는 당연히 북녘 땅에 있는 2,300만 동포의 비참한 밑바닥 삶에 집중돼야 한다. 그런데 어인 일인지 저들은 북한 동포의 인권탄압 상에는 눈을 감고 김정일과 그의 추종세력의 눈치 보기에 급급한 추한 모습으로 전락하고 있다. 급기야 유엔이 전 세계의 이름으로 북한 인권탄압의 실상을 규명하자며 낸 결의안에 기권하는 몰골을 보이고 말았다. 남쪽 인권탄압 피해자가 북쪽 인권탄압의 방관자 내지 방조자 신세가 돼가는 꼴이다. 왜 이러는 것일까? (…)

아마도 김정일로부터 남·북 정상회담 등 정치적 선물을 얻어내기 위한 속셈이 있을는지도 모른다. (…)" (2005. 11. 20)

미국이 주도한 '북인권국제회의'(2005. 12. 9)에 맞춘 북한 인권에 대한 문제의식은 좋았는데, 그의 결론은 네오콘 세력과 약속이나 한 듯이 똑같은 목소리로 집권세력의 대북정책을 비판하고 있다. 어렵사리 한국 정부가 주도해서 재개한 6자회담에서 같은 해 9월 19일 북한의 핵무기 포기와 한반도 비핵화를 골자로 한 '베이징 공동성명'을 채택하는 성과를 거두었는데, 이 상황에서 북한을 압박하라는 그의 주장은 결국 공동성명을 파기하라는 말인 셈이다. 모처럼 기대를 갖게 한 인권문제에 대한 그의 견해는 네오콘 강경파들의 주장과 너무나 흡사하다.

그러나 류근일의 인물평처럼 직선적 성격의 김대중은 다음과 같이 자신의 본심을 숨기지 않고 있다.

"한두 번 인용한 적이 있는 한 탈북자의 절박한 호소를 옮겨 본다. '한국과 세계 여러 구호단체에서 주는 원조가 북한 주민을 살리고 따라서 김정일 정권을 살리고 있지만 그것은 어떻게 보면 하루하루를 연명해 주는 마약과도 같은 것이다. 차라리 오늘의 북한 주민이 죽어 내일의 북한과 다음 세대에 인간다운 삶이 찾아올 수 있다면 지금 이 마약을 끊는 것이 더 현명한 일인지도 모른다.'"

김대중에 대한 평가는 극단적으로 엇갈린다. 〈조선일보〉 논설위원실에서 한솥밥을 먹은 류근일은 그에 대해 "불의에 대해 굽힐 줄 모르는 영원한 싸움닭"이라고 높이 평가한 반면, 〈조선일보〉 시절 김대중의 같은 부서 상사였던 리영희 선생은 "수습기자 시절부터 아무리 가르쳐도 말귀를 못 알아듣는 단순한 흑백논리의 싹수였다"고 회고한다.

김대중이 2001년에 쓴 단행본 『직필』에 추천글을 쓰면서 류근일은 김대중을 이렇게 평가했다.

> "인간 김대중은 싸움닭이다. 그래서 언론인 김대중도 싸움닭 언론인이다. 그는 항상 누구인가를 향해 시비를 걸고 딴지를 걸며 볼멘소리를 낸다. 그 '누구인가?'는 대개의 경우 끗발 센 사람이다. 그중에서도 뽐내고 폼 잡는 사람들은 언론인 김대중의 좋은 '밥'이 돼 왔다. (…) 논설은 프로가 쓰는 것이지 아무나 갖다 꽂는다고 쓸 수 있는 것이 아니며, 피아니스트나 바이올리니스트처럼 논설 역시 최고의 프로가 맡아야 한다는 지론을 그는 가지고 있다. (…) 인간 김대중은 자기 이외의 다른 스타를 견디지 못하는 쌈쟁이다. 그래서 그런지 언론인 김대중도 자기보다 더 세인의 이목을 끄는 다른 스타, 즉 대통령들을 주로 건드리는 것을 주특기로 삼고 있다. (…) 신문 독자들은 언론인 김대중의 최고권부에 대한 잘 조준된 저격 장면을 바라보며 일종의 사도-마조키즘(sado-masochism)

적 대리체험을 하는지도 모른다. 그리고 그런 자신의 연출에 대해 언론인 김대중은 자기만이 아는 나르시스트적 만족감에 스스로 심취해 있는지도 모른다. (…)"

이에 반해 〈조선일보〉 국제부장 시절 후배 김대중을 교육시키던 중 언론 민주화 운동으로 해고당한 리영희 선생은 이렇게 회고한다.[109]

"이 나라에서 어째서 일제시대의 친일파, 민족반역자들이 반공을 빙자한 '애국자'로 권세와 영달을 누리고 있느냐는 문제에서 그들은 젊은이답게 더욱 괴로워하였다. (…) 그런데 서울대학교 졸업의 수재들 중에서 딱 한 젊은이만은 그 모든 것을 끝까지 깨닫지 못했다. 다른 동료들과는 달리 그 기자는 번번이 질문하였다. 아니 반문이라 함이 옳았다. '부장님, 베트남 전쟁은 자유진영이 공산주의 세력을 무찌르려는 것인데 이런 기사가 나온다는 것은 언어도단이 아닙니까.' 김OO라는 그는 흥분해 있었다. 큰 체구에, 둥글고 유달리 흰 얼굴에 눈이 각별히 작아서 더욱 반들거리는 김 군은 '서울대 법과대학' 졸업생이었다. 그의 손에는 방금 텔레프린터에서 뜯어낸 외신기사가 쥐어져 있었다. 그것은 버트란드 러셀, 아인슈타인, 사르트르… 등 수많은 세계의 석학들이 베트남 사태에 대한 미국의 군사개입을 비난하는 성명의 기사였다.

어느 날 그는 또 외신기사를 찢어 들고 부장의 옆에 와 앉았다.

109 리영희, 『인간만사 새옹지마』, 범우사, p.137~141, 1991.

둥글고 큰 얼굴은 붉게 홍분해 있었다. '리 부장님, 공산주의자 중에서도 현대의 괴수라고 할 모택동을 유럽이니 일본의 지식인들이 폭군이 아니라고 말하고 있습니다. 어쩌면 그럴 수가 있을까요. 공산주의를 모르는 탓이지요. 큰일이 아닙니까?'

수습기간을 끝내고 정치부, 문화부 또는 사회부, 경제부 등으로 배치될 때까지 그는 수습을 시작했던 당시의 상태에서 발전하지 못했다."

김대중에 대한 이 엇갈리는 평가에서 누구의 판단이 맞을까? 리영희 선생이 그토록 정열로써 지도했고, 이 사회의 장래를 떠맡을 훌륭한 언론인이 되리라고 기대했던 그 영특하고 곧은 마음씨의 젊은이들은 그로부터 꼭 10년 뒤인 1974년 신문사에서 쫓겨났고, 그가 가장 기대하지 않았던 '법대' 출신 '수재'는 지금 이 순간에도 신문 지면에서 화려하게 펜대를 놀리고 있다.

조갑제, 인권투사로 나선 사상 검증의 명장

조갑제는 김대중 전 대통령의 천적이다. 평생 동안 김대중 대통령의 뒤를 캐고, 집요하게 물고 늘어진 그다. 얼마 전 〈월간조선〉 사장에서 물러난 그는 자신의 이름을 딴 '조갑제닷컴' 사이트를 운영하면서 이 땅의 '좌파 싹쓸이'에 총력을 펼치고 있다.

그는 이 땅에 발호하는 좌파들의 '괴수'로 김대중 전 대통령을 꼽고 있다. 조갑제가 최근 『조갑제의 추적 보고, 김대중의 정체』라는 단행본을 발행하고 김 전 대통령의 주민등록번호와 주소, 원적과 본적 등을 상세히 공개한 것은 평소 그다운 발상이다. 르포 전문기자로서 그는 한평생 민주화 운동 세력들의 '좌파' 행적과 그 허구를 추적하고 폭로해 왔다. 물론 박정희와 이승만에 대한 글도 적지 않은데, 그들을 존경하는 탓에 찬양일색이다.

김 전 대통령의 신상정보를 책에서 상세히 공개한 조갑제는 정보출처 문서가 1988년 안기부가 작성해 대외비로 보관해 온 '김대중관찰기록(124쪽 분량)'이라고 설명했다. 언론이 인터넷 사이트 가입여부를 알려주는 '드림위즈 아사이트'를 통해 확인한 결과, G채팅사이트, P2P 사이트, O게임 사이트 등에 김 전 대통령이 가입된 것으로 나타났다. 물론 김 대통령이 직접 가입한 것은 아니고 도용된 것이다.

옛 안기부의 김 전 대통령 관찰기록을 입수할 정도로 정보력이 뛰어난 조갑제의 정보망은 구체적으로 어디까지 선이 닿는지 알 수 없을 정도로 미스터리다. 어떤 경우에는 안기부와 청와대의 정보력을 뺨치는 고급정보를 갖고서 민주화 세력들의 치부를 드러내기도 하고, 어떤 경우에는 미국 CIA나 얻을 수 있는 대북정보를 취급하기도 한다.

조갑제는 최근 들어 인식의 지평을 북한의 인권으로까지 넓힌 류근일 · 김대중과는 달리, 여전히 이 땅의 친북 반미 좌파세력을 뿌리뽑기 위해 분주하다. 그가 전향자들의 뉴라이트 단체에서 '6.15 공동선언의 반역성 해부'라는 제목으로 행한 연설은 그의 사상을 잘 압축해 보여준다.

"김대중, 김정일의 6.15 공동선언'은 사문서로서 그 내용은 반역적이다. 국회나 국민의 동의를 받지 않은 친북적인 사안을 갖고 가서 주적의 대남적화통일방안과 연결시킨 행위는 사기적 수법이고 6.15 선언은 사문서로 보아야 한다. (…) 이 6.15 공동선언을 이어 받은 노무현 정권은 김대중의 반역적 노선을 추종하고 있다. 대한민국의 헌법이 살아 있는 한 6.15 선언은 무효화되어야 한다. 헌법이 죽든지 6.15 선언이 죽든지 양자택일밖에 없다. (…) 김대중 정권은 간첩들을 조기에 석방시켜 주어 간첩수형자가 국회의원에 출마하도록 했다. 김대중 씨는 마치 김정일이 주한미군이 통일 이후까지 주둔해도 좋다고 이야기한 것처럼 국민들에게 허위 보고하였다. 이런 김대중 씨는 반드시 법정에 세워야 한다. (…) 김정일은 한반도 전체의 사회주의화를 원한다. (…)"[110]

'교수 지식인'들의 이성과 비이성

"미디어를 세계로 우주로 간주하는 지식인들, 그것이 바로 미디어 지식인인 것이다. 한국만큼 신문 칼럼니스트 시장을 대학교수들이 독식하다시피 하는 나라가 이 지구상에 또 어디 있을까? (…) 교수가 신문칼럼을 쓰는 것 자체가 잘못됐다는 것이 아니다, 우리의 경우 너무 지나치다는 것이다."

—강준만[111]

110 자유지식인선언 제3차 월례 심포지엄, 2005. 6. 13.

한국에서만큼 언론매체에 교수들이 많이 등장하는 경우를 세계 어디에서 볼 수 있을까? 특히 교수들이 글만 쓰면 색깔논쟁을 일으키는 경우가 다른 국가에서도 있을까? 물론 이는 한국 사회에 전문 저널리스트가 부족하기 때문일 수도 있다. 그러나 교수들이 언론 주장의 정당화에 훨씬 더 권위를 부여할 수 있기 때문일 것이다. 어쨌든 한국 사회 여론을 주도하는 언론에 지식인들의 참여가 활발한 만큼, 한국 사회의 현실에 대한 직접적인 책임의 상당 부분이 지식인 자신들에 있다고 할 수 있다. 즉 미디어 지식인의 구조는 한국 사회 권력구조의 반영이자 재생산 기제인 셈이다. 그런데 문제는 이들 '미디어 지식인'의 담론 제기가 건전하지 못하다는 점이다.

예컨대 노무현 정권 초기, 김용서(이화여대) 교수 같은 이들은 토론회에서 "좌파가 정권을 잡으면 우파가 쿠데타라도 해서 정권을 탈취해야 한다"고 목소리를 높였다. 대학교수라는 신분에서는 도저히 나올 수 없는 발언을 쏟아내는 게 오늘날 '미디어 지식인'의 현주소다.

근래 들어 '미디어 지식인'들의 세대교체가 빠르게 이뤄지고 있다. 과거의 미디어 지식인들이 비교적 남의 이목을 봐 가면서 주로 독재정권 찬미에 그쳤다면, 지금의 지식인들은 '좌파세력'들에게 직격탄을 날린다. 김동길, 송복, 박홍 등이 한 시대를 풍미했다면, 그 뒤를 이어 유석춘(연세대), 제성호(중앙대), 정진홍(한국종합예술대), 강규형(명지대), 김영호(성신여대),김일영(성균관대), 박효종(서울대), 이영훈(서울대), 함인희(이화여대) 등이 자주 지면에 오른다. 이들 대

111 강준만, 『한국지식인의 주류 콤플렉스』, 개마고원, 2000.

부분은 중등교과서의 좌익 편향성을 비판해 온 '교과서포럼' 회원들이다.

이들 가운데 가장 적극적으로 활동하는 이들을 꼽는다면 유석춘과 정진홍, 제성호다. 유석춘은 뉴라이트 전국연대의 핵심인물로 활동하고 있고, 정진홍은 〈중앙일보〉에 칼럼을 쓰고 있으며, 제성호는 보수언론과 뉴라이트 계열의 온라인 신문을 넘나들면서 이념전쟁을 벌이고 있다.

유석춘, 송복을 능가하는 연세대의 장진구

유석춘은 누구인가? 〈조선일보〉 반대운동을 펼치는 오승훈은 그에 대해서 이렇게 말한다. "웃음 없는 시대에 온몸으로 웃음거릴 제공해 주는 연세대의 '장진구'[112], 전 국민의 절대다수가 지지했던 총선연대의 활동과 현직 언론인의 절대다수가 동의한 언론개혁의 당위마저도 음모론적 시각으로 분석할 수 있는 가공할 상상력의 소유자, 송복 교수(연세대 사회학과)와 함께 한국 사회 '정통보수(꼴보수)'의 쌍두마차를 자처하며 조중동의 지면을 화려하게 수놓는 당대 최고의 논객, 함재봉 교수(정외과)와 더불어 '전통과 현대'를 고민하며 근대로 이행해 가는 한국 사회를 전근대에 결박시키고자 학문 연구에 힘주는 소장파(小腸派)학자…." 여기에 한 가지 덧붙인다면, 그는 근래

112 2000년 MBC TV 드라마 '아줌마'에서 남자 주인공 장진구는 속물근성 그 자체였다. 당시 국어사전에 '장진구 같은 놈'이라는 단어가 추가됐다는 우스갯소리가 나오기도 했다.

들어 보수성향의 지도자를 양성하기 위해 뉴라이트 전국연합이 2006년 3월 2일 설립한 '뉴라이트 목민학교'의 전임 교육강사로 왕성한 활동을 하고 있다. 사회학자라기보다는 현실정치가 같기도 한 그의 지적 구조에는 시대정신을 담아낼 공간이 애초부터 없어 보인다. 그는 같은 학교(연세대 사회학과)의 대선배이자 수구언론과의 밀착관계로 끊임없이 논란을 불러일으킨 송복 교수의 바통을 이어받아 선배보다 더 대담하고 분명한 논조로 빨갱이 사냥에 나서고 있다.

유석춘은 우파 인터넷신문 〈프리존〉에 기고한 '좌파 정권 종식을 위한 우파의 각오'라는 글에서 2007년 대선에서는 좌파를 끝장내기 위해 "우파여 단결하라"고 외친다.

"(…) 좌파정권의 연이은 집권으로 나라의 장래가 암담하다. (…) 과거 우파의 성공을 이끈 솔선수범의 지도력은 폄하되고 '기득권 세력 때문에 아무 일도 못한다'는 열등감에 기초한 과거청산이 온 한국의 성공집단을 융단폭격하고 있다. 특히 오늘날 개혁이라는 이름으로 진행되고 있는 과거청산과 하향평준화는 민주화라는 미명하에 좌파혁명을 꿈꾸며 아무런 실력도 준비하지 못한 무능한 집단의 한풀이일 뿐이다. 인기에 영합하는 대중적 선동만으로 권력을 지탱하고 있는 좌파정권에게 더 이상 대한민국을 맡길 수 없다. 냉전체제 하에서 건국, 산업화, 민주화에 차례로 성공한 우파의 노력이 과연 청산 대상이 되어야만 하느냐. 도대체 언제까지 우파는 역사에 대한 부채의식에 시달려야 하는가. (…) 우파 없는 좌파는 있을 수 없다. 본질적 부차적 가치의 중요성을 뒤집어

본말을 전도시키는 좌파정권은 끝장나야 한다. 아! 2007년, 우파여 단결하라!"(2005. 7. 25)

유석춘은 같은 날 〈중앙일보〉에 '왜 뉴라이트인가' 라는 글을 기고해 "뉴라이트 운동은 무너져 가는 (좌파가 집권한) 대한민국을 더 이상 그대로 볼 수 없어 선량한 사람들이 죽창을 들고 나선 것"이라고 의미를 부여했다.

"지금 대한민국이 뿌리째 흔들리고 있다. (…) 한강의 기적을 이룩했던 위대한 대한민국이 어떻게 이런 꼴이 됐는가. 386세대가 주도하는 포퓰리즘 정치와 좌편향 일변도의 정책 때문이다. (…) 현 정부의 실세는 좌파는 개혁, 우파는 퇴보라는 이분법과 흑백논리를 거침없이 말하고 있다. 그러나 묻고 싶다. (…) 갈등을 부추기고 이익이 된다 싶으면 편 가르기도 서슴지 않는 것이 진보인가. 대한민국의 국기와 정체성을 부정하는 행위를 감싸는 것도 인권(보호)인가. 이제 대한민국의 근본을 바로 세워야 한다. 자유민주주의와 시장경제라는 체제 가치를 확고히 해야 한다. 그리고 21세기가 요구하는 선진화를 향해 나가야 한다. 이것이 나라를 살리는 길이다. (…) (뉴라이트는) 공동체 자유주의의 기치 하에 우파의 갱신을 통해 나라를 바로 세우는 한 축이 되겠다는 것이다. (…)"

정통 보수를 자부하는 유석춘은 최근 제성호 등과 함께, 일본의 A급 전범이자 극우세력인 사사카와 료이치가 설립한 '일본재단' 에 일본의 정통 우익을 연구하고 싶다면서 협조를 요청했다.[113] 그는 현재 사사카와가 1996년 설립한 '일본재단'이 출연하고, 독도문제 등 역사 왜곡의 '주범'인 '새로운 역사교과서를 만드는 모임'의 활동가들이 집행부로 참여 중인 '아시아 연구기금'의 사무총장으로 있다. 이와 관련해 연세대 교수협의회 측은 "일본 극우주의 사상의 부활을 주도하는 '새역모'의 이사진에 일본재단 이사진들이 겸직하고 있다는 사실이 놀랍다"며 "'아시아 연구기금'이 일본 극우세력을 위한 학술작업에 악용될 우려가 있는 만큼, 이 기금을 즉각 없애고, 연구기금과 관련된 모든 교수들이 보직을 사퇴할 것"을 요구했다.[114]

'아시아 연구기금' 측은 교수협의회의 주장에 대해 "문제될 것이 없다"며 일축했다. 유석춘 '아시아 연구기금' 사무총장의 답변이 이렇다.

> "이 돈의 성격이 우파 돈인지 아닌지 모르겠지만, 일본 국민들이 공익사업에 쓰라고 한 돈을 우리에게 준 것으로 알고 있다."

---

113 1899년 오사카에서 양조업자의 아들로 태어난 사사카와는 22살 때 물려받은 유산으로 우익단체 '국방사'를 결성했다. 1931년 국수대중당 총재에 선출된 뒤에는 당원들에게 이탈리아 독재자 무솔리니의 제복을 입힐 정도로 파시즘을 추종했다. 만주 항일유격대 소탕과 가미카제 특공대 창설에 깊숙이 관여했다. 패전 뒤에는 도쿄재판에 회부돼 A급 전범으로 사형을 선고받지만 투옥 3년 만인 1948년 감옥에서 나와 사업가로 변신하는 데 성공했다. 1951년부터 도박사업을 시작해 막대한 부를 축적한 사사카와는 '도박재벌'의 이미지를 벗기 위해 자선사업을 벌이는 동시에 사사카와 재단(1995년 사망 후 일본재단으로 개명)을 설립했다.
'일본재단'의 자매기관인 '사사카와 평화재단'의 한 관계자는 얼마 전 필자와의 대화에서 유석춘 교수의 일본 우파 연구계획을 설명해 주면서 한국의 대학교수들 중 상당수가 일본재단과 사사카와 평화재단의 재정지원을 받고 있다고 밝혔다.

114 〈YTN〉, 2005. 5. 31.

정통 보수우익을 자처하는 유석춘은 과연 그 돈의 정체를 몰랐을까? 또, 유석춘은 그 많은 돈을 과연 어떤 공익사업에 사용하고 있을까?

정진홍, 논객보다는 '빨간' 콘텐츠 크리에이터

정진홍이 근래에 쓴 『완벽에의 충동』에서 지은이 소개를 보면 다음과 같다. "직(職)이 아니라 업(業)에 목숨 건 사람, 그래서 교수나 논설위원이라는 직보다 콘텐츠 크리에이터라는 업을 중시하는 사람, 스스로 '완벽에의 충동'으로 무장한 채 한 편의 글이라도 오십 번 이상의 퇴고를 거쳐 스스로를 울리지 않으면 글을 내놓지 않는 사람, 날마다 차이를 만들고 차이의 지속을 삶의 모토로 삼아 치밀한 강의 준비로 청중들을 매료시키는 탁월한 스토리셀러. 문민정부 초기에 청와대 비서실장 보좌관으로 2년간 일했으며…. (…)"

소개에서 특히 눈길을 끄는 부분은 "한 편의 글이라도 오십 번 이상의 퇴고를 거친다"는 대목이다. 그토록 온 정신을 집중해 쓴 글들이 최근 들어 논쟁의 한복판에 있다.

평소에 대기업의 논리를 옹호해 온 정진홍은 삼성의 부도덕성에 대한 사회적 비판이 가열되자, '삼성과 맥아더'(2005. 9. 12), '정신 차려 대한민국!'(2005. 10. 6) 등 일련의 엄호성 칼럼으로, "열심히 일해 세금을 제대로 내는 사람들을 존경 못하는 대한민국은 정신 차려야 한다."고 주장한다. 급기야 그는 뜬금없이 '적화는 됐고, 통일만 남았나!'라고 국민 모두를 향해 색깔론을 제기한다. 대학에서 매스컴을 가르치던 교수 출신 논설위원인 그는 '삼성과 맥아더'와 같이 전혀 어울릴 것 같지 않은 소재를 배합해 자신의 색깔론 제기를 뒷받침하는 논거로 사용한다. 그가 50번 이상 퇴고를 거듭했을 칼럼 '적화는 됐고, 통일만 남았나!' (2005. 10. 24)를 잠깐 보자.

"노무현 대통령의 연정 구상은 끝나지 않았다. 그의 연정 구상은 이제 조선노동당의 문을 두드리고 있다. (…) 그러나 가장 우려되는 바는 참여정부와 대통령의 대한민국을 건 도박이다. 10퍼센트 대에 머무는 열린우리당 지지율과 20퍼센트 대에 간신히 턱걸이하고 있는 대통령 국정운영 지지도로는 더 이상 아무것도 할 수 없기에 뭔가 특단의 강수, 비수를 쓰지 않으면 안 된다는 정권 내부적 강박증이 자칫 대한민국 자체를 판돈으로 거는 북과의 도박도 서슴지 않을지 모른다는 우려가 점점 현실화되고 있다. 그래서 국민들이 걱정하다 못해 궐기하고 나서지 않을 수 없게 된 것이다. 이것을 '색깔론' 운운하며 역공하는 참여정부와 청와대에 대해서는 기가 막힐 뿐이다. 사실 참여정부는 더 이상 참여정부가 아니다. 이렇게 국민 참여도가 낮은 정권이 스스로 여전히 '참여정부'라고 말하는 것 자체가 낯간지럽다 못해 뻔뻔한 일 아닌가. (…) 뭘 더 말하겠는가. 그래서 적화는 됐고 통일만 남았다는 이야기가 실감나는 요즘이다. 진짜 먹히지 않으려면 정신 바짝 차려야 한다. 그리고 각계가 목소리를 내야 한다. 더 이상 침묵하는 것은 죄악이다. 우리 자신과 후손에게 말이다."

정진홍은 적화통일을 꾀하는 정부에 대해 더 이상 침묵하면 우리 자신뿐 아니라 후손에게도 죄를 짓는 것이라면서 총궐기해야 한다고 선동한다. 박정희나 전두환 같은 군사독재 시대에선 이쯤이면 내란 선동죄에 해당되는 것 아니었을까? 중요한 사실은 그가 선동하는 오늘의 이 시대에는 사상과 표현의 자유가 존중된다는 점이다.

제성호, 냉전 논리의 전사

보수 우익세력에게 그는 보배 같은 존재다. 전체적으로 보수 우익세력들이 게으르고, 비논리적이며, 권위적인 데 비해 그는 부지런하고, 논리정연하며, 겸손하다.

국제법이 전공인 그는 중앙대 법과대학 교수이면서 법무부, 국방부, 법제처, 민주평화통일자문회의 등 각 정부부처의 자문위원이자, 최근 들어선 뉴라이트 싱크넷 상임집행위원으로서 온라인과 오프라인, 때로는 텔레비전을 넘나들면서 왕성한 기고활동을 하고 있다. 특히 대북문제에 관심이 많은 그는 한반도 포럼회장, 비전@한국 통일정책위원장 등 우익 통일단체들의 임원을 맡아 정부의 대북정책을 강도 높게 비판하고 있다. 법률전문가의 지식을 동원해 집권세력의 좌파성을 한 꺼풀씩 벗겨가면서 비판하는 그의 모습은 이젠 신학교에서조차 관심을 갖지 않는 라틴 성경을 애써 독해하는 신부님의 장중함을 연상케 한다. 물론 이는 순전히 필자의 생각이다.

그러나 그의 논리적인 글을 읽고 나면 왠지 모를 갑갑증이 치밀어 오른다. 법률전문가의 정교한 논리 뒤에는 늘 이분법적 색깔론이 숨겨져 있기 때문이다. 법률에 문외한인 일반 독자들로서는 헌법과 각종 법조문을 인용하는 그의 현란하고 장황한 논리에 움츠러들 수밖에 없다. 보수언론이 그의 상품성을 높이 평가하는 것은 바로 이 같은 이유에서일 것이다.

그는 2005년 3월 9일 보수 인터넷신문 '프리존'에 기고한 '수구 좌파의 위험성: 국가정체성의 혼란'이라는 글에서 현란한 법률적 지식을 총동원해 좌파의 위험성을 조목조목 지적했다. 대한민국의 정체성에 대해 국가적 법통성, 민주적 정통성, 역사적(민족사적) 정통성, 국제적 정통성을 내포하는 개념으로 파악한 그는 헌법과 국제법에 의거해 이를 구체적으로 설명한 뒤 "우리는 수구 좌파의 위험성을 직시하고, 그들의 주장이 진보의 탈을 쓰고 확산되지 못하도록 노력해야 할 것"이라고 강조했다. 마치 국가정보원의 입사시험 모범답안을 연상케 하는 그의 글은 은연중 좌파의 실존적 위험성을 믿게 하는 힘을 발휘한다.

그가 얼마 전 〈문화일보〉에 기고한 '안보전선에 경보음이 울리고 있다'는 제목의 글에서도 그 숨겨진 색깔론을 발견할 수 있다.

"정부 여당은 2004년 말 이른바 4대 개혁(?) 프로그램의 일환으로 국가보안법 폐지를 밀어붙이려 했다. 당시 노무현 대통령은 이 법을 칼집에 넣어 박물관에 보내야 한다고까지 말했었다. 그런데 최근에는 너무나도 조용하다. (…) 국보법 문제에 오랫동안 관심을 가지고 지켜봐 온 필자는, 지난해 말 이후 여권의 대응이 바뀌었다는 판단을 하게 됐다. 무리하게 국보법을 폐지하려 함으로써 국론을 분열시키고 국정의 안정 기조를 흔들기보다는 법집행의 메커니즘(인사 · 예산 · 기구 · 권한 등)을 무력화시킴으로써 사실상 국보법을 '식물화' 시키겠다는 전략, 곧 우선순위의 전도가 바로 그것이다. (…) 겉으로 보기엔 남북관계에 진전이 있다고는 하지만, 북한의 집요한 사상전과 체제전복 전략은 근본적으로 바뀌지 않았다. 이런 상황에서 정부가 체제안보에 구멍을 낼 수 있을 조치는 삼가야 한다. (…)"(2006. 4. 17)

그러나 제성호의 잘 짜여진 글에는 냉전 기운이 가득하다. 남북관계를 대결로 파악하는 그가 한때 통일연구원의 연구위원으로서 통일 정책을 입안했고, 지금도 여러 부처의 자문위원으로 일하고 있다는 사실은 뭔가 아귀가 맞지 않아 보인다. 정치적 활동에도 관심이 많은 그는 2006년 3월 한나라당 주최 '대국민 약속 실천대회'에 참석해 다음과 같이 의미심장한 발언을 하였다.[115]

"한나라당은 우파의 혼이 무엇인가에 대해 고민하고 혼을 살리는 정치를 해야 한다. 박근혜 대표를 비롯, 한나라당 전체가 우파의 혼을 결집하는 정당이 되기 위해 노력한다면 저희들도 밖에서 도울 수 있는 것은 돕겠다."

115 〈데일리 서프라이즈〉, 2006. 3. 24.

3_보수 지식인, 역사 '보수(補修)' 작업에 나서다

그들이 일본 우익 '새역모'를 따라하는 이유는

고등학교 근현대사 교과서들이 대한민국의 정통성을 부정하고 편향된 역사인식을 심어준다며 그에 대한 대안 모색을 명분으로 내세운 '교과서포럼'이 2005년 초 출범돼 적극적인 활동을 벌이고 있다.

박효종 서울대 교수 외에 이영훈 서울대, 차상철 충남대 교수가 공동대표를 맡은 이 포럼에는 김영호 성신여대, 함인희 이화여대 교수 등 12명의 교수가 운영위원으로 참여하고 있다. 거의 모두가 뉴라이트 세력과 연대해 활동을 벌이고 있는 사람들이다.

'교과서포럼' 결성과 동시에 열린 토론회에서 이들은 '한국 현대사의 허구와 진실'(두레시대, 2005)이라는 연구보고서를 발표, 현행 고등학교 근현대사 검정교과서들의 좌파 편향적인 내용들을 조목조목 비판했다. 특히 채택률 50퍼센트 이상을 상회하는 금성출판사 교과서가 집중적 성토 대상이었다.

> "교과서를 보면 응당 있어야 할 것이 빠져 있다. 나라를 세우고 지키며 가꾸기 위해 최선을 다한 우리의 모습, 삶의 질을 높이기 위해 피와 땀을 흘린 우리의 자화상이 보이지 않는다. 독재와 억압, 자본주의의 참담한 모습만이 있을 뿐이다. 대한민국의 미래 세대는 언제까지 주홍글씨가 쓰인 옷을 입고 다녀야 할 것인가."
>
> (220~221쪽)

교과서포럼의 '한국 현대사의 허구와 진실' 내용 중에서 관심을 끄는 대목은 북한에 대한 평가다. 사실, 교과서포럼은 다방면에서 현행 교과서들이 북한을 지나치게 변론하고 미화한다는 입장을 밝히고 있다. 그들은 특히 보편적 가치로서의 인권과 민주주의가 왜 북한을 논할 때 전혀 고려되지 않느냐고 따져 묻는다. 그들은 금성출판사 교과서의 아래와 같은 내용을 증거로 내세운다.

> **은주** 아버지가 아들에게 권력을 물려주다니! 민주주의 국가는 물론 공산주의 국가에서도 그런 일은 없었잖니. 북한은 아직도 왕조시대야.
>
> **상윤** 다른 공산주의 국가에서는 그런 예가 없지만, 북한식 사회주의 체제의 특성이라고 볼 수도 있지 않을까?(73쪽)

'교과서포럼' 측에 따르면 이 같은 교과서의 내용이 해방 후 남한의 사회와 정치를 기술할 때 민주주의와 인권이라는 기준에 입각해 비판적 시각을 견지한 것에 비하면, 일관성 없고 불공정하다는 것이다.

유영익 연세대 국제학대학원 석좌교수는 "교과서는 대한민국의 성립을 올바르고 긍정적으로 서술해야 한다"며 "그러나 금성교과서는 대한민국 성립과정에 1쪽밖에 할애하지 않았으며, 그것도 이승만보다 '종이호랑이'에 불과한 여운형을 더 많이 언급했다"고 지적했다. 그는 "농지개혁, 안보를 확고히 한 한미상호방위조약 체결, 군사강국화 등 이승만의 업적은 거의 언급하지 않은 채 친일파 청산을 제대로 하지 못했다는 것만 서술하는 왜곡을 범했다"고 비판했다.

그러나 교과서포럼의 문제제기에 대해 1990년대 이후 교과서 집필에 관여해 온 학계 당사자들의 반응은 무척 냉소적이다. 한마디로 언급할 가치조차 없다는 것이다. 교과서포럼이 출범한 직후 '오마이뉴스'와 가진 다음의 인터뷰를 보자(2005년 1월 7일).

> "교과서포럼에 별 관심이 없다. 수구 반공적 사고가 이 사회에서 더 이상 먹히지 않으니까 우익들이 뭔가 탈출구를 마련하기 위해 뉴라이트 등을 기획하고 있으나, 그들의 주장이 설득력을 갖기는 힘들 것 같다. 그들은 공부나 열심히 했으면 좋겠다."
>
> –서중석 성균관대 사학과 교수

> "우리 역사에 대해 정확한 인식이 없는 사람들이 하는 일에 아무런 관심이 없다."
>
> –안병욱 가톨릭대 국사학과 교수

"일고의 가치도 없고, 언급하고 싶지도 않다."

–정용욱 서울대 국사학과 교수

심지어 역사학계 일부에서는 교과서포럼이 자학사관 극복을 주장하는 등 일본 극우단체인 '새역사교과서를 만드는 모임(약칭 새역모)'과 흡사하다고 지적한다. 자학사관 비판, 역사 왜곡, 참여 인사의 구성 등이 매우 닮았다는 것이다.

양미강 일본교과서바로잡기 운동본부 상임운영위원장은 "교과서포럼은 일본 '새역모'를 벤치마킹했다고 볼 수 있다"며 "활동 경향이나 구성 멤버들도 모두 새역모와 비슷하다"고 말한다. 새역모에 역사 전공자가 없고 만화가, 정치학자 등이 주로 참여하는 것처럼 교과서포럼에도 역사 전공자보다는 윤리학, 정치학, 경제학 전공자들이 주로 참여하고 있는데, 이들이 역사교과서를 연구하기보다는 우익세력의 관점에서 한국사에 대한 불필요한 이념논쟁을 불러일으킬 것이라는 게 그의 우려다. 또한 그들이 현행 역사교과서를 자학사관이라고 비판하는 이유는 "역대 정권에 비판적인 내용이 들어 있기 때문일 것"이라며 "교과서포럼이 현행 교과서 내용을 실패로 규정하는 것은 그들이 권력자의 관점에서 역사를 보기 때문"이라고 지적한다.

서중석 성균관대 사학과 교수는 "해방 50주년에는 이승만 살리기 운동을, 정부 수립 50주년에는 박정희 살리기 운동을 했던 사람들이 모여 새로울 것 하나도 없는 주장을 하고 있는데 왜 언론이 주목하는지 모르겠다"고 말한다. 그렇다면 이들이 주목받는 이유는 무엇일까? 교과서포럼의 창립은 뉴라이트, 보수언론의 최근 색깔론 강화와 아주 밀접한 관계가 있다. 포럼의 핵심인물 중 상당수는 보수언론과 뉴라이트 매체에서 논객으로 활동하면서 각 분야에서 친북 · 좌파 · 반미의 논쟁을 확대 재생산하고 있다. 일제 식민지의 잔재와 독재시대의 달콤함에 길들여진 그들로서는 4월 혁명과 반유신 운동, 80년대 민주화 운동을 벌이면서 우리나라가 발전해 온 사실을 자랑스러운 역사로 인정하는 게 쉬운 일이 아닐 것이다.

그들이 '해방 전후사의 재인식'에 나선 이유는

교과서포럼의 출현이 2005년 한국의 보수 우익세력에게 영광의 과거를 부활시키기 위한 '담론의 전장(戰場)'을 제공했다면, 근래 들어 뉴라이트 계열의 지식인들이 중심이 되어 출간한 『해방 전후사의 재인식』(이하 재인식, 책세상)은 본격적인 전투의 시작을 의미한다. 보수언론들은 2006년 초부터 수차례 『재인식』의 예고편을 블록버스터 영화처럼 소개하다가 마침내 책이 출간되자 "드디어 좌편향 현대사의 균형을 잡을 수 있게 됐다"고 목소리를 높였다. 특히 20여 년 전에 나온 『해방 전후사의 인식』과 비교해서 대대적으로 소개되었다. 뉴라이트 세력인 '자유주의연대' 홍진표 집행위원장은 이 책의 출간으로 "좌편향적이고 민중혁명적이었던 한국 현대사에 대한 인식을 바로잡을 수 있는 계기가 마련될 것"이라고 의미를 부여하였다.[116]

『재인식』은 서문에서 "특정이념을 표방하지 않으며 있는 그대로의 역사적 자료를 바탕으로, 이분법적 시각이 아니라 공정하고 객관적인 시각에서 해방 전후사를 '재인식' 하자는 게 이 책의 출간 의도"라고 밝히고 있다. 이 책은 일제시대부터 1960년대까지 일상사의 문제에서부터 정치, 경제, 사회, 문화 등 다양한 영역을 포함한 30편의 글과 편집위원의 대담으로 구성되어 있다. 편집위원 박지향(서울대, 서양사), 김철(연세대, 국문학), 김일영(성균관대, 정치외교학), 이영훈(서울대, 경제사)을 중심으로 카터 J. 에커트(하버드대학, 한국학), 기무라 미쓰히코(아오야마가쿠인대학, 국제정치경제학) 등의 외국 학자들뿐 아니라, 이완범(한국학중앙연구원, 정치학), 신형기(연세대, 국문학) 등 『해방 전후사의 인식』[117]의 필자였던 학자들까지 참여했다.

『재인식』의 이데올로기적 성향에 대해 상당수 언론들은 필진들 중에 교과서포럼의 핵심멤버로서 이른바 '뉴라이트 운동' 에 관여하고 있는 이영훈, 김일영, 김영호 교수가 포함된 점을 들어 이번 『재인식』이 보수 우파적이라고 평가하지만, 꼭 그렇지만은 않다. 그보다는 오히려 『해방 전후사의 인식』을 겨냥한 이번 『재인식』에서 편집위원으로 가담한 박지향, 김철 교수, 그리고 필진으로 참여한 이완범, 신형기 교수는 탈근대론자라 할 수 있다.

116 〈문화일보〉, 2006. 2. 7.

117 『해방 전후사의 인식』은 유신체제가 종말로 치닫던 1979년 10월, 처음 출간된 이래 10년 동안 6권까지 출간되었다. 김학준, 임종국 등 유명학자들이 참여해 현대사 연구의 흐름을 민족과 통일문제로 바꿔놓았다는 평가를 학계로부터 받았다. 특히 친일파 청산의 좌절과 분단에 대한 미국의 책임 등 금기의 영역을 다뤄 한국 진보학계와 젊은 세대의 역사관 형성에 영향을 끼쳤지만, 보수세력들은 그동안 줄곧 주요 내용이 편향되어 있다고 비판해 왔다.

이처럼 뉴라이트 세력과 탈근대론자들이 합심해 출간한 『재인식』이 도대체 어떤 내용을 담고 있기에 그렇게 환호하는 것인가? 또 『재인식』이 비판하고 있는 『인식』의 '부적절한 내용' 은 무엇인가?

20여 년 전 『해방 전후사의 인식』의 필진으로 참여했던 백일 교수(울산과학대)는 "『재인식』은 기본적으로 좌파 민족주의에 반대하며 이를 기초로 책이 편집되어 있지만 필진 전체가 반민족주의를 공감하는 것은 아니다"라며 "크게 박지향, 김철, 이영훈 등 『해방 전후사의 인식』을 주로 비판하는 쪽과 그렇지 않은 쪽으로 구분된다."[118]고 지적한다.

그는 『재인식』 필진들이 분단 체제 아래에서 세계정세와의 관계 속에 해방 전후사를 분석한 『인식』 필진의 노고를 북한동조 행위로 간주함으로써 1980년대 공안검사 검열과 유사한 행태를 보이고 있다면서 해방 전후사에 대한 『재인식』의 그릇된 편집 경향을 다음과 같이 요약한다.

"민족주의는 위험하다. 일제는 다민족국가를 지향하고, 민족의 말살을 기도하지 않았다. 일제시대는 문명의 진정한 융합과정이며, 우리나라는 프랑스 레지스탕스처럼 쓸 만한 항일 독립운동은 없고, 오히려 민족주의 진영은 제국과 길항하고 타협한다. 민족주의 진영은 그들끼리 경쟁하고 견제하는 제국의 파트너였다. 이광수의 친일 내셔널리즘처럼 일제에 의존한 성장론을 주장하는 것이 더 현실적인 것이었는지 모른다. 친일적이고 민족주의적으로 자기를 발견하는

118 〈한겨레신문〉, 2006. 2. 24.

김성수 같은 인간형이 식민지 조선의 중심이며, 더 적절하다. 해방 전후사는 소련이 한반도 북쪽에 진주하는 영토적 야욕 때문에 매우 어지러워졌고 그 결과 분단과 전쟁이 일어났다."

『재인식』의 수록 논문에서는 전반적으로 반민족주의적 흐름이 감지되는데, 특히 수년 전 정신대 발언소동을 일으킨 이영훈 교수의 기묘한 굴종주의적 사관은 심각한 문제를 안고 있다는 것이 백 교수의 지적이다.

그렇다면 상치될 것 같은 수구 보수주의자들과 탈근대론자들의 이 같은 학문적 '불륜관계'를 어떻게 설명해야 할까.

이에 대해 20여 년 전 『해방 전후사의 인식』의 편집 책임자였던 〈역사비평〉의 임대식 주간은 "『재인식』은 뉴라이트 세력이 주도하는 프로젝트에 탈근대론자들이 결합한 것"이라며 "세가 약하면 적과도 동침할 수 있지만, 극단에 위치한 두 기조는 결코 상통하기 어려운 것인데도 기묘하게 연대하고 있다"[119]고 말한다. 근대적 인식을 극복 해체하자는 탈근대가 근대의 주류이념인 경제성장 지상주의의 뉴라이트와 결합하고 연대하는 것은 '이종(異種)결합'이라는 것이 그의 지적이다. 탈근대론은 원천적으로 '전체주의적 역사상'을 거부한다. 반면 뉴라이트 세력의 경제 성장주의는 앞서 살펴본 '교과서포럼'의 주장뿐 아니라, 이미 우리가 공부했던 독재시대 교과서에서 보아온 역사상을 지니고 있다.

임 주간은 뉴라이트와 올드라이트의 차별성에 대해서도 의문을

---

119 〈역사비평〉, 2006년 봄호, 역사비평사.

품는다.

"뉴라이트의 주장과 조갑제, 한승조의 주장에 크게 다른 점이 없다. 다만 친미반공과 독재의 역사를 적극 해석했던 올드라이트에 더해 뉴라이트는 친일과 식민의 역사까지 적극 해석한다."

바로 이 대목에서 뉴라이트와 탈근대의 '불륜관계'를 가능케 했던 한 가닥 고리를 발견하게 된다. 그것은 '탈민족'이다. 일본의 '새역모'는 민족 주체적 역사상을 구축하려 하지만, '한국판 새역모'라 할 교과서포럼은 반민족 비주체적 식민지 근대화론을 주장한다. 그래서 근본적으로 다른 논리를 구사하는 양자는 친일 식민독재의 과거사 정리를 반대한다는 점에서는 입장을 같이하는 것이다.

이를 확인하듯, 탈근대론자로서 『재인식』 편집위원으로 참여한 박지향 교수는 "(앞서 출간된) 『해방 전후사의 인식』에는 많은 필자들의 논문을 실었지만 핵심 관점은 민족지상주의와 민중혁명론이었다"며 "그러나 민족은 여러 개의 중요한 가치들 중 하나일 뿐이며, 더욱이 객관성을 추구해야 할 학문까지 민족이 지배하게 되면 곤란하다"고 말한다.[120] 즉, 탈민족이야말로 왜곡된 근대를 극복하기 위한 전제조건이라는 것이다.

박 교수는 저서 『일그러진 근대』(푸른역사, 2003)에서 탈근대화를 위해 100여 년간 타자의 시선 속에 일그러지고 뒤틀려 있는 우리의 맨 얼굴을 찾아야 한다면서 이렇게 주장한다.

"불행하게도 이제까지의 인류 역사는 한 방향으로의 압도가 지배

120 〈연합뉴스〉 인터뷰, 2006년 2월 9일.

해 왔으며, 서양이나 동양 모두 자기와 타자, 문명과 야만, 남성과 여성 등의 이분법적 사고에 길들여져 있다. 이제는 이분법적 사고를 극복하고, 근대 이래 서양이 자기와 타자를 바라보고 이론화한 방식에 의문을 제기해야 한다. 그러나 그것이 서양을 타자화하거나 본질화하는 역오리엔탈리즘으로 흘러서는 안 된다."

그가 말하는 역오리엔탈리즘의 극복을 위해선 어떻게 해야 하는가? 『재인식』은 그 해답을 이렇게 말한다. '민족주의 감정에 호소하는 식민, 친일, 독재 청산 등 일체의 과거사 정리를 중단하라!'

어찌 보면 우리 사회의 후진적인 근대성 탈피를 위해 오리엔탈리즘과 역오리엔탈리즘을 동시에 극복하려는 박지향 교수의 노고는 고귀하게 인정돼야 한다. 하지만 수구세력들이 식민 제국의 굴절된 시대에 길들여진 마니교적 흑백논리를 버리지 못한 채 자신의 집단 이외에 모든 것을 타자화하고 악마화하는 '우리 안의 오리엔탈리즘'을 오히려 강화하고 있는데, 역오리엔탈리즘을 먼저 질타하는 것은 순서에 맞지 않는다.

그러나 박 교수와 같은 탈근대론자들의 의도는 뉴라이트 세력과 보수언론들의 입맛을 돋우는 역할을 하고 있다. 『재인식』이 우리 사회의 근저에서 힘을 얻고 있는 친일 식민독재에 대한 과거사 청산 요구까지도 시대착오적인 민중혁명론의 몸짓으로 치부할 수 있는 학문적 논거를 제공하는 까닭이다. 이미 『재인식』은 친일 의혹을 받는 보수언론 등 수구세력들에게 자신들의 어두운 과거를 지울 수 있도록 하는 '반동의 도구'가 되고 있는 것이다.

일본 '새역사교과서를 만드는 모임' 이란

'새역모' 는 1997년 1월 도쿄대학의 후지오카 노부카쓰 교수, 니시오 간지 전기통신대학 교수, 고바야시 요시노리 만화가 등이 자유주의 사관에 입각, 민족주의를 주장하며 결성한 우익단체로, 주위 국가들로부터 역사왜곡의 주범이라는 비난을 사왔다.

새역모는 2차대전 후 발행된 일본 역사교과서가 역사의 어두운 면을 강조한 '자학사관' 에 물들어 젊은 세대에게 자긍심을 심어주지 못한다고 비판하면서, 자랑스러운 일본 역사를 발굴해 교육해야 한다고 주장하고 있다. 또 일본 제국주의의 침략전쟁은 물론 이른바 '종군위안부' 의 강제동원과 난징대학살 등을 부인해 한국, 중국 등 주변국들로부터 거센 비판을 받았다.

새역모는 일본 민족의 우월성을 강조하고 팽창정책을 정당화하는 내용의 '후쇼샤' 교과서를 2001년에 출간했으나 당시 일본의 양심적 시민사회 단체들의 노력으로 교과서 채택률은 1퍼센트에 그쳤다.

그러나 새역모의 교과서는 근래 들어 독도를 자국의 영토에 포함시키는 등 더욱 공격적인 우경화 경향을 드러냄으로써 한일관계 악화의 주요 원인으로 작용하고 있다.

'교과서포럼' 에 누가 참여하고 있나?

공동대표는 박효종(서울대 교수, 정치학. 상임공동대표), 이영훈(서울대 교수, 경제학), 차상철(충남대 교수, 역사학)이며, 운영위원은 강규형(명지대 교수, 역사학), 김광동(나라정책원 원장, 정치학), 김영호(성신여대 교수, 정치학), 김일영(성균관대 교수, 정치학), 김종석(홍익대 교수, 경제학), 김주성(한국교원대 교수, 정치학), 박효종(서울대 교수, 정치학), 신지호(서강대 겸임교수, 정치학), 유석춘(연세대 교수, 사회학), 이영훈(서울대 교수, 경제학), 전상인(서울대 교수, 사회학, 운영위원장), 정성화(명지대 교수, 역사학), 차상철(충남대 교수, 역사학), 함인희(이화여대 교수, 사회학), 그리고 고문단으로는 김동규(고려대 명예교수), 김진홍(뉴라이트 전국연대 의장), 안병직(서울대 명예교수), 유영익(연세대 석좌교수), 윤종영(전 교육부 역사담당 편수관), 윤형섭(전 교육부장관), 이대근(성균관대 교수), 이동복(북한민주화포럼 대표), 이상진(전 초중고교장협의회 회장), 이성무(전 국사편찬위원장), 이택휘(한양대 특임교수), 이인호(명지대 석좌교수), 이주영(건국대 교수), 최문형(한양대 명예교수), 한흥수(연세대 명예교수) 등이 참여하고 있다.

이밖에 후원단체로 교육공동체시민연합, 기독교사회책임, 바른사회를 위한 시민회의, 북한민주화네트워크, 북한민주화 포럼, 자유주의연대, 초중고 교장협의회, 학교를 사랑하는 학부모 모임, 한국교원단체총연합회, 한국사학법인연합회, 교과서포럼 후원회 등이 포진하고 있다.

4_한승조와 그 아류들이 움직인다

"나치 협력자 방치는 국가에 악의 종기를 그대로 두는 것과 같다."

- 샤를르 드골[121]

"우리는 광복 60주년을 맞이한 지금, 친일파 청산을 적어도 기록으로나마 하지 않으면 안 된다. (…) 누가 왜 어떻게 친일파이며, 민족 반역자가 되었으며 무엇을 했는지 구체적으로 기록을 남겨 후세에 다시는 제2의 친일파가 나오지 않도록 자물쇠를 채우는 것이 중요하다."

- 주섭일[122]

일본 문부과학성이 얼마 전 2007년도 고등학교 교과서를 검정하면서 "다케시마(竹島. 독도의 일본 표기)가 일본 고유의 영토임을 명확히 표기하라"는 지시를 내렸다. 종군위안부에 대해서도 '일본군에 의해 위안부가 된 여인'이라는 표현을 '일본군의 위안부가 된 여성'으로 하여 일본군의 강제연행 사실을 부인했다. 이와 관련해 우리 정부가 2006년 국제해양회의에서 독도 인근해역의 해저지명 등록을

121 샤를르 드골, 『전쟁회고록(Memoirs de guerres)』, Plon, 1999.
122 주섭일, 『프랑스의 나치 협력자 청산』, 사회와 연대, p.417, 2004.

추진할 움직임을 보이자 일본은 같은 해 4월 독도 주변해역에 해양 탐사선을 보내기로 하는 등 우리 국민들의 분노를 자아냈다. 양국은 물리적 충돌 일보 직전에 일본은 탐사를 중단하고 한국은 국제회의에 독도 해저지명 등록을 연기하기로 합의했으나 갈등은 여전히 잠복해 있는 상태다.[123]

이번 사태는 일부 정치인의 망언이나 시마네현의 '다케시마의 날' 제정 등과는 질적으로 다르다. 일개 정치인이나 지방자치단체, 또는 극우단체가 아니라 이젠 일본 정부가 대놓고 역사와 현실을 왜곡하고 있기 때문이다.

일본이 이처럼 노골적으로 외교적 도발을 하는 것은 일본 국내정치 문제에 기인하는 측면이 크다. 우파세력을 결집시켜 표를 얻겠다는 얄팍한 계산이 이런 외교적 무리수로 나타나고 있는 것이다. 고이즈미 총리가 야스쿠니 신사를 참배하는 것도 같은 이유다. 독도를 부각시키는 이유도 국내 정치의 연장이라고도 볼 수 있다. 그런데 어이없게도 그 같은 일본이 외무성의 내부보고서(2006년 4월)를 통해 한국 정부에 대해 "노무현 대통령이 집권 후기의 레임덕을 피하

123 노무현 대통령은 2006년 4월 25일 텔레비전 담화를 통해 "현재 일본이 독도에 대한 권리를 주장하는 것은 과거 식민지 영토권을 주장하는 것"이라며 "20세기 초 점령한 한반도에 대한 주권을 다시 주장하려는 시도와 같다"고 지적했다. 또 "이는 일본이 저지른 침략 전쟁과 학살, 40년 간에 걸친 수탈과 고문, 투옥, 강제징용, 심지어 위안부까지 동원했던 그 범죄의 역사에 대한 정당성을 주장하는 행위"라고 말했다. 노 대통령은 이 자리에서 독도 문제에 대한 조용한 외교의 종지부를 선언했으나 이에 대해 일본 언론은 국내용으로 치부하고, 국내 보수세력들은 5. 31 지방선거의 이해득실을 따지는 데 몰두하는 모습을 보였다.

기 위해 일본을 의도적으로 악자(惡者)로 만들고 있다"고 평가해 한 · 일관계를 벼랑으로 내몰고 있다. 보고서의 주요 내용을 발췌하면 이렇다.

"노무현 정권은 모든 국면에서 의도적으로 악자를 만들고, 이 악자와의 대립을 통해 자신이 정당함을 호소하는 정치수법을 쓰고 있다. 또한 노 정권은 독도를 소재로 내셔널리즘(민족주의)을 부채질하고 있다. 레임덕을 피하기 위해서라도 남은 임기 중에 반일 강경론을 포기하지 않을 것이다."

일본 정부의 이런 비상식적인 자세는 어디에서 비롯된 것인가? 이에 대해 이 보고서를 폭로한 한 일간지 기자는 "강경일변도의 한국측 접근방식이 일본측의 반감을 더욱 증폭시켰다"고 지적한다.[124] 그는 자칭 친한파 일본 지식인들의 말을 빌려 "2005년 3월 한국 정부의 대일 독트린 발표 이후엔 지식인들 간의 모임에서 노무현 정권을 지지하기가 어려워졌으며, 일본 내 친한파가 점점 줄고 있다. 한국이 먼저 대화를 하지 않겠다고 하면 오히려 고이즈미 정권의 입지를 강화시켜 주는 측면이 있다"고 말했다. 그의 지적대로라면, 일본 내 친한파의 수를 늘리고 고이즈미 정권의 입지를 약화시키기 위해서는 한국 정부의 좀더 유연한 자세가 필요하거나 한국의 정권 교체가 이루어져야 한다.

124 〈중앙일보〉, 2006. 4. 5.

일본 정부의 보고서 내용은 발칙하기 짝이 없지만, 이를 보도한 기자의 인식은 우리에게 답답함을 안겨준다. 독도 문제 · 식민지 잔재 등 잘못된 역사를 바로잡으려는 우리 정부와 국민들의 노력을 탓한다면, 그것은 친한파가 아닌 친일파의 논리다.

일본 정부의 비정상성은 고이즈미 정권을 지지하는 극우세력의 대 한반도 인식에 뿌리를 두고 있다. 일본 극우세력의 싱크탱크인 도쿄재단이 일본 외무성 보고서의 유출 시점과 비슷한 시기에 발표한 한반도 정세분석 보고서에는 한국과 일본, 미국 극우세력 간의 묘한 연대 고리를 엿볼 수 있는 격한 표현들이 담겨 있다.[125]

> "김정일의 대남공작이 착착 진행되고 있으며 한국은 지금 혁명 전야다. 한국은 현재 친북 좌파 노무현 정권과 친미 보수파 간 분열 직전이다. (…) 좌파세력은 반일 · 반미 선동을 통해 국민 이성을 마비시키고, 감정적 흥분 속에서 한국 해체를 진행하고 있다. 권좌에서 추방해야 한다."

내정간섭을 연상시키는 황당한 주장이지만 2005년 보고서에서 "한국 친북 좌파가 2007년 대선에서 미국을 전쟁세력으로 규정해 '전쟁, 평화'를 쟁점으로 삼아 재집권을 노릴 것"이라는 주장을 폈

125 2006년 4월 18일 도쿄 아카사카의 일본재단에서 개최된 '불안정한 한반도와 일본의 대응'이란 주제의 세미나. 도쿄재단은 2차대전 A급 전범 출신인 사사카와 료이치가 설립한 일본재단 산하의 싱크탱크로 일본 극우파의 집산지라 불린다. 〈경향신문〉, 2006. 4. 18.

던 점을 떠올리면 새삼스럽지도 않다. 문제는 이런 주장이 여론의 한 축을 형성하면서 일본과 한국 사회에 전파되고 있는 점이다. "노무현 정권이 반일로 정권을 유지한다"는 일본 외무성의 보고서나 최근 들어 노골적으로 친일 성향을 드러내는 우리 지식인들의 발언들도 따지고 보면 일본 극우파의 논리와 흡사하다. 특히 우리의 친일 지식인들은 근래 들어 '전통적' 한 · 미 · 일 혈맹관계를 최우선시하는 뉴라이트 세력과 보수언론인들, '미디어 지식인' 그룹, 그리고 기독교 근본주의자들의 활발한 '총궐기'에 힘을 얻어 일본 극우매체와 보수언론 및 인터넷매체 등에 경쟁이라도 하듯, 더욱 선정적인 발언을 쏟아내고 있다. 친일 세력들이 한때 자신들의 친일사관을 은폐하던 이전의 태도에서 과감하게 벗어난 것은 역사교육이 빈약한 한국 사회의 취약성이 그 이유로 꼽힌다. 특히 뉴라이트 운동에 편승한 이들은 '친일파 비판은 친북=좌경=용공 =빨갱이'라는 등치관계를 적용해 매카시즘적 마녀사냥을 전방위적으로 자행하고 있다. 그들의 마지막 카드는 결국 실체가 없는 빨갱이 몰이다.

이런 전형적인 예가 뉴라이트 운동 단체인 '자유시민연대' 대표로 변신한 한승조(고려대 전 명예교수)가 2005년 4월 일본 극우잡지 〈정론(正論)〉[126]에 게재한 글이다. 특히 한 교수는 민족사학을 자부하는 고려대에서 정경대 학장을 지내는 등 30여 년간 교수를 지냈고, 전두환 정권시절 국민훈장 모란장을 받은, 자타가 공인한 '애국

126 이 잡지는 일본의 독도 영유권을 주장하는 글을 자주 싣는 극우매체로, 보수우익 대변지인 〈산케이신문〉의 자매지이기도 하다.

자' 라는 점에서 더욱 충격적이다. 정통 보수우익을 자처해 온 그가 기고한 〈공산주의 · 좌파사상에 기인한 친일파 단죄의 어리석음: 한일병합을 재평가하자〉라는 글을 살펴보자.

"당시 한반도 주변 국제정세를 보면, 일본과 러시아가 한국을 서로 병합하려고 하던 때다. 러시아가 한국을 차지하지 못하게 하려고 영국과 미국이 지원해서 일본이 한국을 병합했다. 만약 당시 러시아가 한국을 병합했다면, 한국은 공산화됐을 것이다. 스탈린은 민족 이주 정책을 썼기 때문에, 한국인들을 시베리아 곳곳으로 강제 이주시켰을 것이고, 한국민은 사라질 뻔했다. 하지만 일본 밑에 있었기 때문에 한국민은 사라지지 않았고, 오히려 일본 밑에서 경쟁의식을 느끼며 민족의식이 생길 수 있었다. 일본의 한국에 대한 식민지 지배는 오히려 매우 다행스런 일이며, 원망하기보다는 오히려 축복해야 하며 일본인에게 감사해야 할 것이다. (…) 수준 이하의 좌파적인 심성 표출 중 하나가 종군위안부 문제다. 공산주의 사회에서는 성(性)도 혁명의 무기로 활용된다. 전쟁 중에 군인들이 여성을 성적인 위안물로서 이용하는 것은 일본만이 아니며 일본이 한국 여성을 전쟁 중에 그렇게 이용한 것도 전쟁 동안 일시적인 예외의 현상이었다. 그런데도 굴욕을 당했다는 노파를 내세워 과장된 사실을 내세우며 몇 번이나 보상금을 요구한다면, 그것이 고상한 민족의 행동이라고 할 수 있는가. (…) 일본 지배는 결과적으로 한국이라는 나라의 조기성장과 발전을 촉진시키는 자극제의 역할을 했다는 것을 인정해야 한다. (…)"

그의 글에서는 도무지 그가 오랫동안 남북적십자회담의 자문위원이자, 국민윤리학회 회장과 한국간행물윤리위원회 서평위원회 위원장을 지냈다는 사실을 엿볼 수 없다. 유신 시절과 군부독재 시절 당시 그가 기여했을 일들은 굳이 설명이 필요 없을 것 같다.

한승조 발언의 학문적 뿌리는 박정희 시대의 독재적 경제지상주의를 예찬한 '안병직 류(類)' 의 근거 없는 '식민지 근대화론' 과 맥이 닿아 있으며, 탈근대론자 '이영훈(서울대 교수) 류' 의 '정신대 자발적 취업론' 의 끈과도 연결된다. 즉, 일제의 식민 지배와 친일파 박정희 정권에 엉터리식 정당성을 부여한 온갖 잡다한 주장들이 한승조를 통해 '빅뱅' 현상을 일으킨 셈이다.

정연태 교수(가톨릭대 국사학과)에 따르면, 식민지 근대화론은 한국 등 동아시아의 국제통화기금(IMF) 관리 체제 추락으로 이미 막을 내렸으나 식민지 근대화론자들의 파편적 역사 인식은 일제 식민지배의 정당화와 친일 박정희 정권의 경제지상주의에 대한 찬양, 나아가 체제 옹호적, 수구적 이데올로기로 기능할 가능성이 크다.[127] 안병직 같은 식민지 근대화론자는 1960년대 이래 경제 발전이야말로 한국 근대사의 총결산이며, 한국 현대사의 유일한 전망이라고 하면서 경제 성장론자임을 자처하였다.[128] 여기에서는 경제와 정치를 기계적으로 분리하고, 경제 성장 곧 기술의 근대성을 역사 발전의 유

127 정연태, 〈창작과 비평〉, 1999년 봄호.
128 안병직, 〈창작과 비평〉, 1997년 겨울호.

일한 지표로 여기는 편향된 사고가 드러난다. 그리하여 민주화 운동이라는 해방의 근대성이 생산력의 진보를 촉진하고 시장의 투명성을 제고하며, 그 결과 경제 발전의 기초를 튼튼히 다진 측면은 철저히 무시된다. 이와 관련해 "자본주의가 유지되기 위해서라도 민주주의가 그 견제장치로서 작동해야 한다"는 초국적 금융자본의 황제 조지 소로스의 주장은 시사적이다.[129]

또한 식민지 근대론자들은 식민지 지역경제의 발전상을 일면적으로 강조하는 반면 일본 자본주의의 외연적 확장에 의해 대일 경제 종속화가 한층 심화된 측면을 무시한다. 이 같은 역부조적 인식에 속박되다 보니, 안병직은 식민지 말 한국민들이 침략전쟁과 전쟁경제에 동원된 것조차 민족말살의 경험이 아니라 자본주의적 고통에 대한 최초의 경험이고 근대적 변신의 좋은 기회였던 것처럼 거리낌없이 주장한다. 그러나 식민지 근대화론은 동아시아 경제위기를 전후해 논리적 근거를 잃게 된다. 한국 경제가 고속성장을 거듭하던 1980년대부터 해외의 경제전문가들이 금융 불안과 외환위기의 가능성을 예고한 데 반해, 식민지 근대화론의 대표 논자인 안병직은 1997년 말 국가 부도 사태가 나기 직전에조차 1986년 이래 무역수지가 흑자 기조로 돌아섰고, 투자재원의 해외 의존도 기본적으로 해소되었다는 식으로 평가할 만큼 성장 신화에 푹 빠져 있었다. 고도성장과 경제위기를 모두 경험하고 한국 경제의 불안정성을 재확인한 지금에 이르러서는 근거 없는 성장 신화에 입각한 식민지 근대화

129 조지 소로스, 『세계자본주의의 위기』, 형선호 옮김, 김영사, 1998.

론은 더 이상 통용되기 어렵다. 더욱이 제국주의와의 협력을 통한 경제 발전을 강조하고 경제의 선진화를 시대적 과제로 내세우는 식민지 근대화론은 현실의 사회 변화를 설명하려고 하지만, 그 속에서 진행되는 모순의 실체를 간과하고 있다는 점에서 체제 옹호적 수구 이데올로기로 기능할 위험성이 크다고 하겠다.[130]

최근 들어 교과서포럼의 핵심멤버로서 『해방 전후사의 재인식』 필진에 참여한 이영훈 교수도 역시 일본 식민지배의 긍정적 측면을 지적하는 식민지 근대화론자다. 그는 2004년 MBC 텔레비전 '100분 토론' 에서 행한 정신대 비하 관련 발언으로 물의를 일으킨 적이 있다. 그 내용을 잠깐 살펴보자.[131] 여기에 이영훈 교수가 방송 후 시청자들과 정신대 관련 단체들로부터 거센 항의를 받자 "진의가 제대로 전달되지 않았다"고 반발한 적이 있어, 정확한 그의 진의를 전하기 위해 전문을 가급적 그대로 수록한다.

(친일진상규명법안의 정치적 의도성을 비판한 이영훈 교수에게 패널들의 반대 의견이 이어지고, 이 교수가 장황하게 그 이유를 설명하자 사회자 손석희 씨가 개입한다.)

손석희 그 부분은 정리하고 넘어가자. 이 교수는 정신대 문제를 어떻게 보나.

이영훈 정신대와 관련 일본에는 2천 점의 자료가 있고 그런 일

---

130 정연태, 같은 글.

131 출처 〈오마이뉴스〉(www.ohmynews.com).

본학자들에 경의를 표하고, 국내학자들의 노력도 많았지만 거기에 의존한 바가 많았다. 거기에 보면 하나의 범죄행위가 이뤄지는 것은 권력만으로 이뤄진 것이 아니고 참여하는 많은 민간인들이 있다. 그리고 그 민간인들 중 가령 한국 처녀, 한국 여성들을 관리한 것은 한국 업소 주인들이다. 그 명단이 있다.

손석희 그 명단은 일본 자료에 있나.

이영훈 그렇다. 중국 상해 주변의 그 업소들이 다 나오고 있다. 그리고 지금 대한민국처럼 수도 한복판에 여자를 쇼윈도에 가둬놓고 성매매를 하는 나라는 세계적으로도 많지 않다. 친일 문제를 다룰 때 자기 성찰적으로 다루면 우리가 진정한 의미의 역사 청산을 할 수 있는데 법적으로 역사 청산을 하면 몇 명이 선발이 될지 모르지만….

손석희 정신대 문제를 성매매로 연결시키는 것은 무리가 있는 것 아닌가.

이영훈 정신대 문제와 한국전쟁과 해방 이후의 한국에 존재한 미군 위안부를 전혀 관계가 없다고 하는데 그런 인식이라면 대단히 유감이다.

노회찬 일본의 책임이 없다는 것인가.

이영훈 성 노예를 관리한 책임이 있다. 그렇다고 민간인 문제를 따지지 말자는 건가.

노회찬 아니, 그렇게 문제의 핵심을 흐려놓고….

이영훈 법률적으로 재단하면 실체가 흐려지고 오히려 소수사람이 희생되고… 위안소를 사용한 병사의 문제는 어떻게 되는 건가.

노회찬 지식인들이 그런 비겁한 태도를 취해 왔기 때문에 역사가 청산이 되지 않은 것이다.

이영훈 그 비겁한 태도를 자기 고백적 성찰로….

송영길 도덕적 성찰이 필요하다. 하지만 반민족 행위 자체를 도덕적으로 성찰하지 않는 사회가 되어 버렸다.

이영훈 동의할 수 없다. 그런 사고방식을 경계하자고 그런 말을 한 것이다.

손석희 지금 두 분이 서로 다른 터에서 말하고 있기 때문에 서로 말이 안 통할 것 같다.

송영길 이 교수의 지적대로 고백적 성찰이 필요했지만 해방 후 남북이 분단되면서 친일 청산 상황이 없어졌고 동시에 송진우나 김구, 여운형이 암살되는 비극이 발생했다. 오히려 친일분자들이 중용되면서 국가 건설이라는 측면에서 친일이 전혀 부끄럽지 않은 상황이 되고 애국자로 둔갑했다. 반성하고 싶어도 반성할 기회가 없었다. 이제야말로 뒤늦었지만 이제는 그때처럼 형사적 처벌이 뒤따르는 상황이 아니므로 오히려 차분하게 역사를 되돌아볼 기회가 된 것이다.

청출어람(青出於藍)인가, 아니면 '그 스승에 그 제자'인가? 시간이 흐를수록, 사회 원로급 친일 지식인의 과감성에 자극 받은 제2, 3의 친일세력이 출몰한다. 더구나, 수구언론에서 뉴라이트 세력들을 한없이 키워주고 부추기는 들뜬 분위기와 맞물려 후배 친일세력들의 공세는 강하고 거칠다. 지만원, 김완섭이 대표적이다.

육군사관학교 출신으로, 대령 예편 뒤 군사평론가로 활동 중인 지만원은 한승조의 친일 글이 여론의 거센 몰매를 맞자 극우잡지 〈한국논단〉 기고를 통해 "한 교수에게 돌 던지지 말고, 못난 민족의 모함 모략 행위부터 반성하라"고 외친다.[132] 심지어, 당시 일본의 독도 영토 주장과 고이즈미 총리의 야스쿠니 참배 등으로 인해 한일 관계가 극도로 긴장된 상황 속에서 "야스쿠니 참배, 왜 반대하나?"라고 우리 국민들을 꾸짖는다.

> "(…) 야스쿠니 신사는 우리의 현충원(국립묘지)과 같은 곳이다. 우리 대통령도 참배하고, 외국 귀빈들도 참배하는 그런 곳이다. 그런 곳을 일본 수상이 참배하는 것은 아주 당연해 보인다. 그런데 노무현 등이 고이즈미의 야스쿠니 신사 참배를 줄기차게 반대한다. 이유가 있다고 한다. 야스쿠니 신사에는 미국을 상대로 전쟁을 일으킨 도조히데키라는 태평양전쟁 전범 1호가 안장됐기 때문이라는 것이다. 도조히데키가 전범이라면 미국에 대한 전범이지 조선에 대한 전범이 아니다. 야스쿠니 신사 참배를 반대한다면 그 자격은 미국에 있지 한국에 있지 않다. 도조히데키가 전쟁을 건 나라

132 '지만원의 세상읽기-한승조 교수에게 돌을 던지지 말라', 〈한국논단〉 186권, 2005.

는 조선이 아니라 미국이다. 그런 미국이 아무 말 하지 않는데 한국이 논리도 없이 소란을 피우는 것은 우선, 미국과 일본에 창피한 일이다."

지만원의 글을 읽다 보면 가슴이 답답해진다. 그러다가 김완섭을 접하면 "세상에 이런 사람도 있구나" 하는 생각에 갑자기 숨이 멎는다. 군사독재 시절의 절정기였던 1980년대에 대학을 다녔던 그는 한때 민주화 운동에도 적극 가담했던 것으로 알려져 있다. 그러다가 어느 시점에 '386 동료들' 중 상당수가 우향우로 돌아서 뉴라이트의 반짝거리는 옷을 입고 있을 때, 김완섭은 극단적인 '반민족적 친일파'가 되었다. 그는 일본측의 독도 영유권 주장에 우리 국민들의 감정이 격화되자 이렇게 말한다.[133]

"독도는 일본 땅이 맞다. 이승만이가 멀쩡한 일본 해상에 이승만 라인이라는 거 그어놓고 일본 어부들 3천 명을 납치하고 독도를 점령하고 했는데, 이게 다 한일협정에서 돈 많이 뜯어내기 위해서 강도질한 것이다. 사실 따지고 들면 북한의 일본인 납치 문제보다 수백 배 더 큰 문제가 될 수 있다. 이렇게 강도질한 섬을 아직도 우기면서 안 돌려주고 있으니 대한민국은 강도국가다. (…) 일제시대는 우리 민족의 다시없는 태평성대요 온 민족이 역사상 전무후무하게 행복하게 살았던 시대다. 해방(?) 이후 일본인들이 모두 떠

133 〈고뉴스〉, 2005. 3. 16.

나자 한국은 다시 야만시대로 회귀해 버린 것이다, 한국은. 그래서 당시 기억이 있는 어르신들은 누구나 일제시대를 그리워하는 것이다. 여러분들 대부분은 상상도 하지 못할 정도로 좋은 시절이었다. 단지 일제시대 말기 몇 년 간은 전쟁 때문에 힘들었기 때문에, 그 힘들었던 것을 기억하는 분들이 많기 때문에 일제시대의 기억이 왜곡되고 있는 것뿐이다. (…) (김구 선생이) 젊었을 때 일본 사람 죽인 사건을 보면 논리적이거나 지적인 사람은 아니고 살인마나 살인귀로 보는 게 가깝다. (김구 선생은) 독립운동하는 패거리에 묶여 가지고 계속 (활동) 하다가 나중에는 젊은 애들 선동해 가지고 '가서 누구누구 죽여라' 이렇게 테러리스트가 된 거다."

김완섭은 이 글에 공분한 네티즌 4천여 명이 항의 댓글을 올리자, 자신의 명예를 훼손했다면서 해당 네티즌들의 이메일 주소로 고소 협박 통지문을 발송했다. 도대체 명예훼손의 가해자는 누구이며, 그 피해자는 누구라는 말인가? 지만원 류와 김완섭 류의 친일세력이 우리의 명예를 훼손시키는 일본 찬양 정도는 대단히 심각한 수준이다. 아무리 우리 사회가 사상과 표현의 자유를 보장하는 민주주의 국가라고는 하지만, 일제 식민시대와 군사독재 시대의 압제 속에서 수많은 독립운동가들과 민주투사, 그리고 선량한 국민들이 희생하면서 쟁취해 낸 국가적 정체성을 정면 부인하는 사람들까지도 포용해야 할지는 혼란스럽다.

독일과 프랑스에서는 지금까지 나치시대의 상처가 덧나지 않도록 나치시절의 향수를 말하거나 찬양하는 이들에게 엄격하게 법적 제재를 가하고 있는데, 친일파가 횡행하는 우리에게 시사하는 바 크다. 얼마 전 강정구 교수(동국대)가 학문적 차원의 '6.25 통일전쟁' 발언으로 인해 사법처리와 함께 직위해제를 받은 것과는 대조적으로 이들 친일파가 치외법권 지대에 있다는 것이 어이없다. 더구나 김완섭은 수 년 전 일본에서 펴낸 『친일파를 위한 변명』이란 책에서 "일본 통치시대는 한국인들에게 행운이요 축복받은 일이었다"고 주장하기까지 한 사람이 아닌가.

이들 친일세력의 뒤에는 국내의 뉴라이트 및 수구 보수언론, 일본의 극우세력과 미국의 네오콘 등 극우 트라이앵글이 강력한 3각 편대를 이루고 있다. 놀랍게도, 이들의 주장과 최근의 행적에서 묘한 연관성이 발견된다.

〈월간조선〉 편집장을 지낸 조갑제의 글에서 그 연관 고리를 확인해 보자. 그는 한승조, 지만원, 김완섭의 글로 인해 여론이 들끓자 자신의 홈페이지(www.chogabje.com)에 '친일보다 더 나쁜 건 친북'이라는 글을 올린다. 그가 친북 정권이 친일보다 더 악질적이라고 꼽은 이유는 대충 이렇다.

- 친북은 자발적인 데 비해 친일은 거의가 강압에 의한 것이든지 생존하기 위한 선택이었다.
- 대부분의 친일은 일본이 태평양전쟁에서 승리한다는 잘못된 정보 하에서 이뤄졌으나 친북 활동은 북한 정권의 실패와 죄악상이 백일하에 드러나 있는데도 자행되고 있다.
- 친일 한 사람들 중에선 일본의 선진 기술, 군사, 교육, 과학, 기

업 등을 배워 대한민국 건국 이후 조국을 위해 썼던 이들이 많다. 친북 하는 이들은 시대착오적인 논리와 증오심을 배워가지고 주로 대한민국과 헌법과 자유를 파괴하는 데 쓰고 있다.

- 친일 한 사람들은 거의가 사망하여 아무런 위협도 되지 않는다. 친북인사들은 지금 득세하여 한국 사회에 구체적인 위해를 가하고 있다.
- 친일 한 사람들 중 다수는 미안한 마음이 있어 친일 하지 않은 동족들을 괴롭히지 않았으나 친북세력은 스스로 진보를 사칭하면서 친북하지 않은 세력을 수구반동으로 몰고 위협까지 가한다.
- 친북세력은 친일문제를 흉기로 삼아 대한민국의 정통성을 부정하고 민족반역 김정일 정권을 드높이려고 한다.

나아가, 이들 친일세력의 주장은 이시하라 신타로 도쿄도 지사, 작가 이자와 모토히코 등 일본의 대표적인 극우인사들의 궤변과도 일치하는 부분이 많아 미묘한 커넥션 같은 것이 감지되기도 한다. 실제로 한국의 극우 및 수구 지식인들 중 상당수가 일본 극우단체로부터 돈을 받으며 극우세력들과 학술교류, 친교활동 등 밀접한 교류를 갖고 있다.[134] 그래서인가, 한국의 친일파와 일본의 극우세력이

134 앞서 밝혔듯이 유석춘은 일본의 극우연구재단 '일본재단'이 기금 75억 원을 들인 '아시아 연구기금'의 사무총장이다. 한국의 많은 학자들이 이 단체로부터 연구자금을 받고 있다. 아시아 연구기금을 통해 1997년부터 2005년 5월까지 교수와 연구단

촉발하는 문제성 발언들은 서로 약속이나 한 듯 비슷한 시기에 흡사한 내용을 띠고 나온다.

한상범 교수가 저서 『박정희와 친일파의 망령들』에서 밝히는 한국 친일파와 일본 극우세력간의 닮은꼴은 놀라울 정도로 흡사하다.[135]

첫째는 일본의 명치유신에 대한 숭배다. 한국 친일파는 일본이 '천황(왕) 중심의 신(神)의 나라' 라는 신화를 숭상하는 일본 극우들의 유신 숭배론을 그대로 받아들인다.

둘째는 한국의 일제 식민지화 불가피론과 축복론이다. 여기에서 일제 식민지배가 오히려 한국의 근대화에 기여했다는 식민지 근대화론이 출발한다. 하지만, 그 이면에 한국 친일파에게는 자기민족에 대한 민족 비하주의가 있다. 일본 극우세력에는 한민족에 대한 민족 멸시와 우월감이란 편견이 숨겨져 있다.

셋째는 일본제국의 동아시아 패권긍정론이다. 일본제국의 동아시아 패권적 지배가 비록 패전으로 실패했지만, 한국의 친일파는 일본의 극우와 함께 일본제국의 패권 지향성을 긍정한다. 그래서 한국의

체들이 지원받은 사례는 모두 147건으로 정치 · 사회 분야와 관련된 연구에 각각 3백만~3천만 원 정도가 지원되었다. 일본재단은 1970년대 이후로 한국의 대학과 연구소, 학회, 사회복지단체에 모두 1천5백만 달러의 기금을 냈다.

일본재단으로부터 지원받은 주요 단체(2005년 5월 기준, 자료: 일본재단)

한국정치학회	46,800달러
고려대	1,000,000달러
연세대세브란스병원	442,500달러
연세대	9,718,200달러

135 한상범, 『박정희와 친일파의 망령들』, 삼인, 2006.

친일파는 일본이 군사대국으로 아시아의 맹주가 되는 것을 당연시하고 그 전제하에서 일본 우익을 추종한다. 그러나 여기에서 한국의 친일파와 일본의 극우가 다른 점이 하나 있다. 일본의 극우에게는 일본 민족 우월의 민족지상이란 의식이 있지만, 한국의 친일파에게는 민족이나 조국에 대한 애착과 헌신이 없다는 점이다.

그렇다면, 무엇이 이들을 이토록 해괴한 궤변과 수상한 행동 속으로 몰아넣고 있는 것일까. 이는 바로 우리 사회의 과거 청산과 역사관 정립이 제대로 이뤄지지 않은 탓이다. 바른 역사교육과 가치의 정립이 절실히 요구되는 이유가 여기에 있다.

5_종교적 파시즘이 춤을 춘다

"그대들이 그리스도의 창자 속에 있다 해도 그대들이 틀릴 수 있다는 사실을 부디 믿기 바란다."

– 올리버 크롬웰[136]

미국의 네오콘들이 자신들의 이념 강화를 위해 개신교 신앙을 이용하고 있듯이, 한국의 뉴라이트 세력들도 개신교의 힘을 정치적으로 활용하고 있다.

일부 극우 기독세력들은 지금 북한이 겪는 모든 어려움은 공산주의라는 죄악을 저지른 데 대한 하나님의 응징이며, 이런 북한을 이끄는 김정일 정권은 악마이고, 또 이런 북한과 교류협력을 추구하는 노무현 정권은 악마의 형제라고 말한다.

그러나 종교의 언어는 정치나 언론의 언어와 그 성격이 다르다. 언론과 정치에는 상식과 몰상식, 도덕과 부도덕의 언어적 잣대가 있지

136 올리버 크롬웰(Oliver Cromwell, 1599~1658), Letter to the General Assembly of the Church of Scotland, August 3, 1650.

만, 종교에는 오로지 복음과 신앙의 언어가 있을 뿐이다. 종교와 정치와 언론의 유착이 노골적으로 공식화되면 모두 불신의 대상으로 전락한다. 종교가 정치와 언론에 의해 탄압 받는 곳이 비정상적 사회인 것처럼, 정치와 언론에 의해 찬양 받고 이용된다면 그것 역시 정상 사회가 아닐 것이다. 더욱이 한국처럼 다원적인 종교 상황에서 정치와 특정 종교의 유착은 대단히 위험한 모험이라 할 수 있다.

일부 개신교 목사들의 수구냉전적 논리는 〈뉴스앤조이〉의 이승규 기자가 묘사한 한국기독교총연합회(한기총) 비상시국대책협의회 회의 풍경에서 적나라하게 드러난다(2005. 5. 21). 한기총은 기독교 내 최대 단체로 61개 교단과 16개 단체가 소속되어 있다.

"한기총 소속 서경석 목사 등 100여 명은 이번 회의의 성명서에서 북한 핵문제에 대해 한국 교회와 국민들의 분노의 목소리를 담아내야 한다고 주장했다. 그러나 이날 대다수 참석자들은 미국의 북한 공격 여부는 우리가 왈가왈부할 일이 아니라며 방관자적 입장을 취해 논란의 여지를 남겼다.

한기총 인권위원장 서경석 목사는 '북한 핵문제에 대해 한국 정부가 정면으로 대응해야 한다. 북한이 핵실험을 하면 남북공조도, 경제교류도, 인도적 차원의 지원도 다 중단한다고 말하라' 고 했다. (…) 조문경 목사는 '부시 대통령은 하나님의 특별한 소명을 받아 하나님이 세운 사람이다' 라며 '김정일은 사탄의 화신이기 때문에 하나님이 부시를 통해 그를 없애려는 계획에 우리가 왈가왈부할 필요가 없다' 고 했다. (…) 목사들의 거친 발언이 쏟아지자 고직한 선교사가 제동을 걸고 나섰다. 그는 '만약 미국에 대한 입장이 들어가지 않는다면 더 많은 젊은이들을 포용하기 힘들다' 며 '북한에 대해서는 분명하게 지적하는 한편 미국에 대해서도 입장 표명이 있어야 한다' 고 주장했다. 이에 대한 목사들의 반응은 냉담했다. 일부 목사들은 '저 사람이 나이가 어려서 저래' 라며 '뭘 잘 모르는 구먼' 이라는 말로 일축했다. 목사들은 미국에 대한 입장을 담은 내용을 빼고 성명서를 그대로 받기로 동의했다."

그렇다면 왜 개신교 목사들은 정치 구호를 하는가? 현재 뉴라이트 전국연합 상임의장으로 정치활동에 바쁜 두레교회 김진홍 목사는 〈뉴스메이커〉와의 인터뷰(2004. 11. 8)에서 "나라가 잘못되고 있을 때 종교와 정치 분리를 얘기하는 목회자는 소시민에 지나지 않는 사람이다. 종교적 의무와 임무를 포기한 것"이라며 다음과 같이 정치적 지향점을 드러냈다.

"보수 우파는 도덕성을 갖고 미래지향적으로 나가야 한다. 좌파 정권은 20년 전에 뿌린 씨를 열매로 거두고 있는데 다음 정권에서는 개신교 80퍼센트 정도는 뉴라이트 운동에 동조할 것이다. 개신교의 주류는 뉴라이트이다."

그는 또한 국민행동 아카데미(국민행동본부 소속, 본부장 서정갑)의 월례강좌에서 '좌파정권 종식을 위한 운동 방안' 이라는 주제로 "2006년 말에는 각자 흩어져 활동하던 우파들이 하나로 연대해야 하고 이를 바탕으로 2007년 우파의 대선 승리를 이끌어내야 한다"고 말했다.

개신교 목사들의 냉전적 정치구호 배후에는 하나님이 아닌 보수언론이 자리하고 있다. 〈월간조선〉은 2003년 4월호 창간기념 부록으로 독자들에게 뜻밖의 선물을 돌렸다. 이 선물은 '우리는 대한민국을 사랑합니다'라는 제목의 테이프로, 조갑제 제작 편집, 개신교 목사 주연, 신도들 조연의 반공 교육을 싣고 있다. 한신대의 이창익 강사는 인터넷 신문 〈브레이크뉴스〉에 문제의 부록 테이프가 근래에 일부 보수개신교가 펼친 몇 차례의 구국국민대회에서 만들어졌다고 폭로하고 있다.[137]

이 테이프는 한기총 등 보수 종교단체들이 개최한 반공국민대회에서의 간증들을 담고 있다. 물론 하나님에 대한 간증이라기보다는 한국에 자유와 복음을 가져다 준 미국의 성스러움에 대한 간증이다. 이를 위해 국민대회는 선/악, 미국/북한, 하나님/사탄, 보수/진보, 우익/좌익, 애국/반역이라는 식의 종교적 이원론을 동원함으로써 종교의 논리와 정치의 논리를 등가화한다. 이로써 국민대회는 북한의 김정일은 사탄이고 남한의 현 정권은 동조자이며, 극우 보수세력만이 미국의 비호 아래 한민족을 구원할 수 있다는 사실을 선전하기 위한 간증집회가 된다. 그리고 간증을 위해 보수주의를 대변하는 부흥사들이 동원된다. 납북 탈북 어부 이재근 씨가 김정일의 죄악상을 고발하고, 제5공화국의 찬송가인 '아! 대한민국'이 울려 퍼지고, 개

137 이창익, 〈브레이크뉴스〉 2006. 4. 24.

신교회의 합창단이 미국 국가인 '별이 빛나는 깃발'을 열창하며 태극기와 성조기를 흔들고, 군가인 '전우야 잘 가라'를 합창하고, "물렀거라, 똥 먹어라"를 연발하는 박홍 신부의 축귀 퍼포먼스가 펼쳐진다.

사실, 일부 개신교의 숭미주의는 어제 오늘의 일이 아니다. 한국의 개신교에게 미국은 100여 년 전 선교사들을 보내 복음을 전해준 고마운 나라이기에 개신교의 친미 성향은 강할 수밖에 없다.

그래서일까. 일부 개신교 목사들은 서울시청 앞 구국국민대회에서 한국어와 영어를 섞어가며 태극기와 성조기와 유엔기를 흔들었다. 한국 개신교의 종교 종주국인 미국을 위문하기 위한 그토록 현란한 기도회를 열었던 셈인가. 그들의 주장에 따르면 교육과 의료의 근대화를 이루어주고, 조선인에게 일제 침탈을 견뎌낼 성령을 불어넣어 주고, 일본으로부터 한국을 해방시켜 주고, 한국전쟁과 공산당으로부터 우리를 구원해 주고, 더욱이 박정희를 통해 경제발전을 지원해 주고, 나아가 독재정권으로부터 민주화까지 시켜준 것이 미국이다. 이런 논리 속에서 '기독교=친미'이고 '반미=사탄의 꼭두각시'라는 해괴한 논리가 성립하는 것은 하등 이상할 것도 없다.

그러나 성경 어디에 친미가 아니면 사탄이라는 말이 나오는가? 그들 주장의 옳고 그름을 따지기에 앞서 목사의 직분을 갖고, 기독교의 이름으로 기독교적 메시아를 매카시즘으로 변질시켜도 좋은지는 의문이다. 게다가 그들의 주장에서는 진지한 역사의식도, 새로운 시대정신에 대한 성찰도 찾아볼 수 없다. 단지, 낡은 수구냉전 논리와 비이성적인 색깔론이 있을 뿐이다. 그동안 군사독재 정권을 암묵적으로 용인했던 부끄러운 과거에 대한 반성도 찾아보기 힘들다.

이들은 주님의 말씀을 빗대어 주장하고 있으나 그것은 오히려 사랑과 화해의 정신에 기초한 말씀을 오독하는 것이다. 의로운 선지자, 애국자를 자처하지만 실은 이 사회의 분열과 갈등을 조장한다.

『하얀가면의 제국』에서 한국 사회의 서구 중심적 가치를 비판했던 러시아 출신의 박노자 교수(오슬로대)는 최근 저서에서 지구 반대편에 자리한 '객관적' 시각으로, "극우 기독교세력과 북한의 지배이데올로기가 다 같이 자기중심주의, 자만적 과대망상증, 절대성의 논리와 타자 배제를 특징으로 하는 세계관을 공유하는 것은 그들의 놀랄 만큼 광적인 반북 정서를 설명해 주는 단서가 된다"고 지적한다.[138] 자파만이 구원받고 타자들을 모조리 '이단'으로 몰아 지옥 간다고 저주하는 일부 개신교의 배타성은 북한의 유일주체사상과 하등 다를 것이 없다는 것이 그의 지적이다.

다행스러운 것은 교회 내부에서 이들 극우세력에 대해 "미국의 기독교 근본주의를 흉내 낸 기독교의 정치도구화", "균형 있는 역사관과 성경에 대한 바른 해석이 절실히 요청된다"는 등의 따가운 비판과 충고가 제기되고 있다는 사실이다.

이와 관련, 김동민 한일장신대 교수는 〈데일리 서프라이즈〉에 기고한 글 '김진홍 · 서경석 목사에게 묻는다'에서 다음과 같이 지적한다.

"당신들의 행위가 예수의 가르침에서 어긋난다고 생각하지 않는

138 박노자, 『당신들의 대한민국 2』, 한겨레신문사, p.65, 2006.

가? 무슨 상을 받으려고 그리 큰 부자교회에 수천 명의 신자들을 모아놓고 기도인지 정치연설인지 모를 독설들을 쏟아내는가? 하나님이 잘했다고 칭찬하며 상을 내릴까? (…) 북한 인권은 기도대회로 개선되는 게 아니다. 기도는 골방에서 조용히 하고, 인권 문제는 실질적인 도움을 주는 방향으로 지혜를 모아야 한다. (…) 목사를 참칭해 형제자매와 '화해하라'는 예수의 가르침에 역행하여 전쟁을 고무 · 찬양하는 행위를 어떻게 이해해야 할까?" (2006. 3. 3)

김동민 교수의 지적처럼, 개신교 목사들이 하나님을 빙자해 전쟁을 고무 찬양한다면 그것은 파시즘의 징후이자 한국 개신교의 뿌리 깊은 오리엔탈리즘적 흔적을 말해주는 셈이다. 우리 일부 목사들은 미국으로부터 개신교를 수입하면서 파시즘적 흑백논리뿐 아니라 타인(他人)의 존재와 가치를 인정하지 않는 오리엔탈리즘적 유아독존을 닮아간 것은 아닐까?

에필로그

공존의 조건

프랑스 정신의학용어에 '데자뷔(déjà vu)'와 '자메뷔(jamais vu)'라는 단어가 있다. 데자뷔는 분명히 처음 보는 장면, 처음 겪는 일, 처음 나누는 대화인데, 일찍이 경험했던 것이라고 느끼는 현상을 말한다. 경우에 따라서는 '이런 일이 있을 줄 이미 알고 있었다'는 확신이 들기도 한다. 일종의 '지각장애'인 셈이다. 과거에 매우 보고 싶어 했던 것, 누구한테인가 생생하게 들은 것 따위가 잠재해 있다가 어떤 찰나 현실에 겹쳐지는 기억의 착오 현상이다. 병적인 경우는 일상생활에 지장을 가져온다. 이와 반대로 자메뷔는 이미 경험하고 익숙해진 사항이 마치 완전히 새로운 경험처럼 느껴지는 현상을 일컫는다. 외부의 충격에 의한 기억상실증이 그 원인이 되기도 한다.

이 책을 마칠 무렵, 우리 사회가 모두 극심한 '데자뷔'와 '자메뷔'를 앓고 있는 건 아닌가 하는 생각이 들었다. 우리가 제국주의 식민지배와 독재정권의 망령, 그리고 차가운 분단 논리로 인해 고통을 겪었지만, 그런 사실이 때론 영광스러운 추억으로, 때로는 낯선 경험으로 기억되는 것은 오리엔탈리즘의 잔재만으로는 해석되지 않는다.

일제의 식민지배가 조선의 근대화에 기여했다는 식의 '식민지 근대화론' 으로 포장되고, 친일 독재자 박정희가 위대한 영도자로 숭배되며, 독재자들과 야합해 이 땅의 민주주의 싹을 짓밟은 미국이 북한 주민을 해방시킬 인권의 전도사로 추앙되고 있다. 더욱 가관인 것은 독재정권 시절 빛나는 군홧발에 입 맞추며 민주인사 탄압에 앞장섰던 이들이나 그 어려웠던 시절 제 뱃속만을 채우려 했던 부패한 이들까지 이 땅의 자유와 민주주의의 수호자로 나서고 있는 점이다.

이 같은 우리 사회의 뒤죽박죽은 우리에게 집단적 '지각장애' 와 '기억상실' 을 강요하는 '담론 권력 집단' 의 기획과 음모에서 비롯된다. 그들은 자신들의 음모를 위해 전향자의 '고백' 과 학문적 권위, 과거의 향수와 종교적 권능을 이용해 우리의 의식을 갉아먹는다. 그리하여 우리 사회는 민주주의의 기본이라 할 '다름' 의 인정을 거부한 채 그 '다름' 에 색깔을 칠하고 경멸하고 멸시한다. 이제 새로운 것과 낡은 것, 선과 악, 가치와 무가치, 이성과 비이성의 구별조차 힘들게 된 상황이다.

그래서인가. 그들에 의해 우리 사회에 내재화된 이른바 오리엔탈리즘적 잔재는 제국의 그것보다도 더 야만스럽다.

'우리의 소원은 통일' 이라고 외치면서도 남북 경제 협력에는 거품을 물며 반대하고, '북한 인권' 을 외치면서도 북한 돕기에는 10원조차 내길 꺼리고, 백인과 유색인을 차별하는 것도 모자라 백인과 미국 혼혈은 환대하고 동남아 및 아프리카 유색인 혼혈에 대해선 외면

하는 인종 차별의 대물림을 보여준다. 혀 굴리는 미국식 영어발음을 위해 어린아이의 혀까지 수술하는가 하면, 8만 6천여 명이 넘는 중·고·대학생들을 미국학교에 보내야 직성이 풀릴 것 같은 영어 강박증[139]을 보이고, 그것도 모자라 국내 대학의 신규 교수 채용에서조차 박사학위자의 출신 국적을 불문하고 영어강의를 요구하는 지적 식민지성도 오리엔탈리즘의 잔재다. 미국인들과 함께 북한의 인권을 비난하면서도 정작 이곳 동남아 노동자들에겐 관심조차 없는 인권의 식민성, 그리고 정규직과 비정규직, 교수와 보따리장수(시간강사), 철밥통 공무원과 계약직 공무원 등 신분의 구분 짓기도 마찬가지다.

우리 사회의 이 같은 병리현상은 권력 엘리트들이 자생적으로 양성되지 못하고 늘 외국의 문화적 기준에 종속되어 있는 데서 비롯된다. 오늘날 한국 사회에서는 90퍼센트 이상의 관료와 대학교수가 미국에서 유학을 마치고 돌아와 미국의 시각과 기준으로 한국 사회의 문제를 바라보고 있을 뿐 아니라, 초·중·고등학교의 교과서마저 미국식 교과기준이 그대로 반영되고 있다.[140] 결국 한국 사회에 필요한 건전한 시민교육은 크게 왜곡될 수밖에 없다.

139 미국 국토안보부 이민세관국(ICE) 집계에 따르면 한국 유학생은 8만 6,626명으로 미국 내 전체 외국 유학생의 13.5퍼센트를 차지하며 1위를 기록했다. 2위는 인도로 7만 2,220명(12.1퍼센트), 3위는 중국으로 5만 9,343명(9.3퍼센트)이었다. 그 뒤를 이어 우리보다 인구가 3배나 많은 일본이 5만 4,816명을 기록했다. 이와 관련, 〈중앙일보〉(2006. 4. 27)는 열악한 교육 환경을 피해 어린 학생들을 미국으로 보내는 한국의 '기러기 가족현상'이 미국 통계를 통해 확인됐다고 보도하고 있으나, 필자의 견해로는 세계에서 가장 미국화한 한국 사회에서 살아남기 위한 생존의 한 방편으로 보인다.

그런 탓에 많은 청소년들이 미국의 대학을 자신의 목표로 삼는 실정이 되었고, 대학의 교수 충원명단에도 국내 대학의 우수한 인재보다는 미국대학의 서열제도가 그대로 반영된 '우수한' 학자들의 순서가 올라 있다. 이 같은 천박한 사대주의 풍조는 우리의 일상적 삶과 의식마저도 황폐하게 만든다.

나는 이 자리를 빌려 반성한다. 광화문 네거리에서 생존권을 위해 몸부림치는 비정규직 노동자들의 외침을 시끄럽다고 여긴 일, 유학생활 중 외국어가 부족한 나를 돕기 위해 손을 내밀었던 흑인 친구를 외면하고 백인 친구를 찾으려 했던 것과 한 아랍 친구로부터 '북한 출신이냐'는 질문을 받고 기분 나빠했던 일, 중국 출장 중 통역인 조선족 아가씨에게 '호텔 로비'라는 단순한 영어 단어도 모른다고 나무랐던 일, 더 거슬러 올라가선 1980년대 대학을 다니면서 출세를 위해 내 이웃을 모른 체했던 것, 그리고 아주 오래 전의 비밀스러운 기억이지만, "멸공(滅共)!" 고함과 함께 거수경례를 하던 중학교 1학년 때 북한 사람들을 빨간 뿔이 난 괴물로 그려 상을 받아 우쭐댔던 일….

우리 사회를 데자뷔나 자메뷔의 착란 증세로 몰고 가는 세력들은 입만 열면 자유민주주의 수호를 외치지만, 과연 그들이 그 본질적

140 이와 관련해 프랑스에서 공부를 한 홍성민 교수(동아대)는 피에르 부르디외의 상징적 폭력론을 인용해 "한국 사회의 교육 문제는 학교교육을 통한 계급적 질서의 재생산 이외에 서구의 문화적 강압효과가 우리의 일상생활을 지배하는 이른바 오리엔탈리즘 또는 후기 식민지성 논리의 중첩이다"라고 지적한다. 홍성민, 『피에르 부르디외와 한국 사회』, 살림, p.55, 2004.

의미를 알고 있을지 의심스러울 때가 많다. 자유주의와 민주주의는 기본적으로 상치되는 가치관이다. 이기심의 자유주의와 이타심의 민주주의가 조화를 이뤄 자유민주주의가 성립되려면 변증법적 융합이 필요하다. 그 융합의 매개는 서로간의 '다름'을 차별하는 것이 아니라 이를 인정하고 받아들이는 '노력'이다. '다름'을 인정하는 노력이 결핍될 때 자유민주주의의 신성함은 전체주의의 사악함으로 변하고 마는 것이다.

프란츠 파농의 글을 소개하면서 글을 맺는다.

"타자를 만지고 타자를 느끼며 동시에 그 타자를 내 자신에게 설명하려는 그런 단순한 노력을 왜 그대는 하지 않는가? 바로 '당신'이라는 세계를 건축하도록 나의 자유가 나에게 주어진 것은 아니었을까? 나는 희망한다. 이 세계가 나와 더불어 활짝 열린 모든 종류의 의식의 문을 느낄 수 있기를 말이다."[141]

141 프란츠 파농, 『검은피부, 하얀가면』, 이석호 옮김, 인간사랑, p.292, 1998.

참고문헌

저서 및 논문

강상중, 『오리엔탈리즘을 넘어서』, 이경덕 · 임성모 옮김, 이산, 1997.

강준만, 『부드러운 파시즘』, 인물과사상사, 2000.

———, 『대중매체의 이론과 사상』, 개마고원, 2003.

———, 『한국 지식인의 주류 콤플렉스』, 개마고원, 2000.

고모리 요이치, 『포스트콜로니얼』, 송태욱 옮김, 삼인, 2002.

고지훈 · 고경일, 『현대사 인물들의 재구성』, 앨피, 2005.

김만흠, 논문 〈한국의 정치 언론과 지식인〉, 2001.

김상환, 『니체, 프로이트, 맑스 이후』, 창작과 비평사, 2002.

김수영, 〈한국의 좌우파들, 모두 새로운 출발이 필요하다〉, 『시대정신』, 2004년 겨울 통권27호.

김욱, 『세계를 움직이는 유대인의 모든 것』, 지훈, 2005.

김지석, 『미국을 파국으로 이끄는 세력에 대한 보고서(부시정권과 미국 보수파의 모든 것)』, 교양인, 2004.

김호기 외, 『책으로 읽는 21세기』, 길, 2005.

니콜라스 에버슈타트, 〈북한의 악몽〉, AEI, 2004. 8.

딕 모리스, 『파워게임의 법칙』, 홍수원 옮김, 세종서적, 2003.

로버트 케이건, 『미국 vs 유럽, 갈등에 관한 보고서』(원제 *Of Paradise and Power*), 홍수원 옮김, 세종연구원, 2003.

로버트 커해인 · 조지프 나이, 〈현실주의와 복합이론〉, 『국제관계론 강의 1』, 김태현 옮김, 한울아카데미, 1997.

로버트 콕스, 〈사회세력, 국가, 세계질서: 국제관계이론을 넘어〉, 『국제관계론 강의2』, 박건영 옮김, 한울아카데미, 1997.

리영희, 『인간만사 새옹지마』, 범우사, 1991.

마이클 도일, 〈자유주의와 세계정치〉, 『국제관계론 강의1』, 김태현 옮김, 한울아카데미, 1997.

미국정치연구회, 『부시 재집권과 미국의 분열(2004년 미국 대통령선거)』, 오름, 2005.

미셸 푸코, 『감시와 처벌, 감옥의 역사』, 오생근 옮김, 나남출판, 1975(2003).
———, 『지식의 고고학』, 이정우 옮김, 민음사, 2003.
박노자, 『하얀 가면의 제국』, 한겨레신문사, 2003.
———, 『당신들의 대한민국2』, 한겨레신문사, 2006.
박성래, 『부활하는 네오콘의 대부, 레오 스트라우스』, 김영사, 2005.
박지향, 『일그러진 근대』, 푸른역사, 2003.
브루스 커밍스, 『악의 축의 발명』, 차문석 외 옮김, 지식의 풍경, 2004.
나탄 샤란스키 · 론 더머, 『민주주의를 말한다』, 김원호 옮김, 북@북스, 2005.
새뮤얼 헌팅턴 외, 『문화가 중요하다』, 이종인 옮김, 김영사, 2000.
셸리 월리아, 『에드워드 사이드와 글쓰기』, 김수철 · 정현주 옮김, 이제이북스, 2003.
안병직, 『창작과 비평』 1997년 겨울호.
안토니오 그람시 1-2, 『옥중수고』, 이상훈 옮김, 거름, 1999.
에드워드 사이드, 『오리엔탈리즘』(증보판), 박홍규 옮김, 교보문고, 2000.
———, 『문화와 제국주의』, 김성곤 · 정정호 옮김, 창, 1995.
———, 『도전받는 오리엔탈리즘』, 성일권 편역, 김영사, 2001.
에릭 프라이, 『정복의 역사, USA』, 추기옥 옮김, 들녘, 2004.
엠마뉘엘 토드, 『제국의 몰락』, 주경철 옮김, 까치글방, 2003.
윤수진, 〈현장 취재, 북한 인권국제대회의 안팎〉, 『민족 21』, 2006. 1.
이근, 〈해외주둔미군재배치계획(GPR: Global Defense Posture Review)과 한미동맹의 미래〉, 『국가전략』 통권 제32호, 세종연구소, 2005.
이삼성, 〈미국의 신보수주의 외교이념과 민주주의: 현실주의와 도덕철학의 한 결합양식〉, 『국가전략』 통권 제32호, 세종연구소, 2005.
이장훈, 『네오콘, 팍스 아메리카나의 전사들』, 미래M&B, 2003.
이지평, LG경제연구원 보고서 『2010 대한민국 트렌드』, 한국경제신문, 2006.
이주헌 외, 『2020 미래한국』, 한길사, 2005.
임대식, 『역사비평』 2006년 봄호, 역사문제연구소.
임혁백, 〈한국의 뉴라이트 배경과 전망〉, 『관훈저널』 2004 겨울호.
위르겐 하버마스, 『공론장의 구조변동』, 한승완 옮김, 나남출판, 1962(1991).
장 보드리야르, 『시뮬라시옹(Simulacres et simulation)』, 하태환 옮김, 민음사,

2001.
정연태, 『창작과 비평』 1999년 봄호.
조갑제, 『조갑제의 추적보고, 김대중의 정체』, 조갑제닷컴, 2006.
조지 소로스, 『세계자본주의의 위기』, 황선호 옮김, 김영사, 1998.
________, 『미국 패권주의의 거품』, 최종욱 옮김, 세종연구원, 2004.
존 미클레스웨이트 외, 『더 라이트 네이션(The Right Nation)』, 박진 옮김, 물푸레, 2005.
존 볼튼, 〈북한: 미국에 대한 도전과 대한민국〉, 한미협회에 올린 논평, 2002. 8. 29.
존 페퍼, 『남한 북한』, 정세채 옮김, 모색, 2005.
주섭일, 『프랑스의 나치협력자 청산』, 사회와 연대, 2004.
지만원, 〈지만원의 세상읽기-한승조 교수에게 돌을 던지지 말라〉, 『한국논단』 186권, 2005.
카롤린 포스텔-비네(Karoline Postel-Vinay), 『일본과 신아시아』, 용경식 옮김, 1999(1997, 파리).
클라이드 프레스토위츠, 『깡패국가(Rogue Nation)』, 한겨레신문사, 2004.
T. 아도르노 & M. 호르크하이머, 『계몽의 변증법』, 김유동 옮김, 문학과 지성사, 2001(1947).
프란츠 파농, 『검은 피부, 하얀가면』, 이석호 옮김, 인간사랑, 1998.
한상범, 『박정희와 친일파의 망령들』, 삼인, 2006.
한승조, 『정론』 2005년 4월호.
홍성민, 『피에르 부르디외와 한국 사회』, 살림, 2004.

Arendt, Hannah. *The Origins of Totalitarianism*(New Edition, New York: Harcourt Brace&Company, 1958, 1973).
Blin, Arnaud. *Le désarroi de la puissance: Les Etats-Unis vers la guerre permanente?*, Editions Lignes repères, Paris, 2004.
Charles De Gaulle, *Memoirs de guerres*, Plon, 1999.
Cox, Robert. "Social Forces, States and World orders: Beyond International Relation Theory", in Robert Keohane(ed.), *Neorealism and Its*

Critics(New York: Columbia University Press, 1986).
Cromwell, Oliver. Letter to the General Assembly of the Church of Scotland, August 3, 1650.
Daniel, Tanguay. *Leo Strauss: Une biographie intellectuelle*, Grasset, Paris, 2003.
Doyle, Michael. "Liberalism and World Politics", *American Political Science Review*(vol.80, no.4, 1986).
Fukuyama, Francis. *America at the Crossroads: Democracy, Power, and the Neoconservative Legacy*(Yale University Press, February 2006).
Foucault, Michel. *Histoire de la folie a l'âge classique*, Gallimard, Paris, 1972.
Hassner, Pierre & Vaïsse, Justin. *Washington et le monde: Dilemmes d'une superpuissance*, Editions Autrement, Paris, 2003.
Kagan, Robert. "America's crisis of Legitimacy", *Foreign Affairs*, 2004, March/April, pp.65-87.
Kagan, Robert & Kristol, William. eds., *Present Dangers: Crisis and Opportunity in American Foreign and Defense Policy*(San Francisco, CA.: Encounter Books, 2000).
Kirkpatrick, Jeane. *Dictatorships and Double Standards: Rationalism and Relation in Politics*(New York: A Touchstone Book, 1982, 1991).
Kissinger, Henry A. *Diplomacy*(Payard, Paris, 1996).
Morgenthau, Hans. *Politics and Nations*(New York, Alfred A. Knopt, 1974).
Podhoretz, Norman. "Pour une diplomatie neo-reaganienne", (*Politique internationale*, n° 89, automne, 2000).
Nye, Joseph & Keohane, Robert. "Realism and Complex Interdependence", *Power and Interdependence: World Politics in Transition*(Boston: Little, Brown and Company, 1977), ch.2.
Shorrok, Tim. "A Skewed History of Asia"(*The Nation*, April 17, 2003).
Strauss, Leo. *Droit naturel et histoire*, Flammarion, Paris, 2000(1953,

Chicago).

————. *Nihilisme et politique*, Bibliothèques Rivages, Paris, 2001(1941, NewYork).

————. *Spinoza's critique of religion*(New York: Schocken Book, 1965).

————. *The City and Man*(Chicago: The University of Chicago Press, 1964).

Todd, Emmanuel. *Après l'empire: Essai sur la décomposition du système américain*, folio actuel, Paris, 2004.

Thucydides, *The Peloponnesian War*, trans. by John H. Finley, Jr.(New York: 1951).

Vernet, Daniel & Franchon, Alain. *L'Amérique messianique: Les querres des néo-conservateurs*, Seuil, Paris, 2004.

Waltz, Kenneth. *Theory of International Politics*(New York, McGraw Hill, 1979).

국내 언론

〈데일리 서프라이즈〉, 2006. 3. 24, 제성호 발언.

〈독립신문〉, 2006. 4. 4, 정창인 칼럼.

〈동아일보〉, 2004. 11. 24, 신지호 인터뷰.

————, 2004. 11. 14, 노무현 대통령 미 방문 보도.

————, 2005. 6. 30, 넬슨리포트 관련 보도.

〈매일경제〉, 2005. 10. 12, 케이건과 정동영 전 통일부장관 간의 대담.

————, 2006. 4. 3, 김문수 관련 보도.

〈머니투데이〉, 2005. 12. 6, 차인표 인터뷰.

〈문화일보〉, 2006. 2. 7, 신지호 칼럼.

————, 2006. 4. 17, 제성호 칼럼.

〈브레이크 뉴스〉, 2003. 4. 24, 이창익.

〈서울신문〉, 2004. 11. 8, 에버슈타트 인터뷰.

〈연합뉴스〉, 2006. 2. 9, 임대식 인터뷰.

————, 2006. 3. 30, 신지호 한나라당 연수 강연.

〈오마이뉴스〉, 2004. 9. 22, 강인규.
————, 2004. 11. 23, 신지호 관련 비판.
————, 2005. 1. 7, 서중석(성균관대), 안병욱(카톨릭대), 정용욱(서울대) 등 인터뷰.
〈조선일보〉, 2006. 4. 10, 김대중 칼럼.
————, 2005. 11. 20, 김대중 칼럼.
————, 2004. 9. 2, 류근일 칼럼.
————, 2005. 12. 27, 류근일 칼럼.
————, 2006. 1. 10, 류근일 칼럼.
————, 2006. 2. 6, 류근일 칼럼.
————, 2006. 3. 6, 류근일 칼럼.
————, 2006. 4. 2, 신지호 칼럼.
〈중앙일보〉, 2003. 9. 24, 미 군사력강화 관련 보도.
————, 2005. 10. 6, 정진홍 칼럼.
————, 2005. 10. 24, 정진홍 칼럼.
————, 2005. 11. 11, 유석춘 칼럼.
〈프리존〉, 2005. 11. 11, 유석춘 칼럼.
〈한겨레〉, 2006. 3. 8, 손석춘 칼럼.
————, 2006. 2. 24, 백일 교수 기고.
〈한국일보〉, 2006. 4. 30, 개성공단과 인권 관련 보도.
〈월간조선〉, 2005년 7월호, 김진홍 인터뷰.
————, 2005년 12월호, 류근일 인터뷰.
〈YTN〉, 2005. 5. 31, 유석춘의 일본 극우단체 지원금 관련 보도.

외국 언론

〈뉴욕 선〉, 2003. 3. 1, 북한 인권문제 보도.
〈뉴욕 타임스〉, 2003. 7. 21, 스트라우스의 딸인 제니 스트라우스의 기고문.
————, 2005. 8. 3, 이란의 핵무기 보유설 보도.
————, 2003. 2. 21, 부시의 PNAC 관련 연설.
————, 2003. 3. 10, 새파이어 칼럼, '아시아 전선'.
〈르몽드 디플로마티크〉, 2003. 6, 홉스봄의 미제국주의 비판 기고문.

〈시카고 선-타임스〉, 2002. 11. 22, 로저 이버트 인터뷰.
〈워싱턴 포스트〉, 2003. 1. 7, 이그네이셔스 칼럼.
——————, 2003. 3. 7, 크라우새머 칼럼.
——————, 2003. 3. 10, 크라우새머 칼럼.
——————, 2000. 7. 23, 케이건 칼럼.
——————, 2005. 11. 4, CIA 해외비밀수용소 폭로.
〈월스트리트 저널〉, 2000. 7. 1, 부트 칼럼.
〈위클리 스탠더드〉, 2005. 11. 9, 에버슈타트 기고문.
〈LA 타임스〉, 2005. 11. 20, 부시의 제2기 대통령 취임사 연설 해설.
〈The American Conservatism〉, 2003. 3. 24, 뷰캐넌 기고문

인터넷 사이트

레오 스트라우스 사이트(www.leostraussian.net)
미국의 진보적 통신회사 〈인터프레스서비스〉, 2006. 1.
유스터스 멀린스(Eustace Mulins), www.rense.com/general39EUSTACE.html.

토론회 및 행사

교과서 포럼의 창립기념 겸 2005년 연구보고서 『한국 현대사의 허구와 진실』(두레시대).
버시바우 대사, 관훈클럽 초청토론회(2005. 12. 7).
부시, 미육군사관학교 졸업식 연설(2002. 6. 1).
부시, 제2기 대통령 취임사(2005. 11. 19).
북한인권국제대회(2005. 12. 9), 서울 신라호텔.
신지호, "선진화의 길, 자유주의", 자유주의연대 창립식 및 기념토론회 주제발표문(2004. 11. 23).
이나미, "뉴라이트를 말한다", 한국사회포럼 2006, 서울 대방동 서울여성플라자.
이철기, "북한 관련 보도의 문제점과 과제", 한국언론재단 주최 토론회(2005. 6. 9).
조갑제, 자유지식인선언 제3차 월례 심포지엄(2005. 6. 13).
클린턴, "민주주의 확산을 위한 국가적 전략", 미국 국가안보회의(NSC) 연설(1996. 2).

찾아보기

ㅅ

ㅇ

ㅈ

ㅊ ~ ㅍ

ㅎ